药用植物标本采集与制作技术

主　编　杨先国（湖南中医药高等专科学校）
　　　　徐芳辉（益阳医学高等专科学校）

主　审　涂　冰（常德职业技术学院）

副主编　陈玉秀（湖南食品药品职业学院）
　　　　孙兴力（永州职业技术学院）
　　　　张　平（常德职业技术学院）

编　委　胡志成（益阳医学高等专科学校）
　　　　李飞艳（湖南中医药高等专科学校）
　　　　张冀莎（长沙卫生职业学院）

西安交通大学出版社
XI'AN JIAOTONG UNIVERSITY PRESS

图书在版编目（CIP）数据

药用植物标本采集与制作技术 / 杨先国，徐芳辉主编. ——西安：西安交通大学出版社，2016.6（2021.1重印）

ISBN 978-7-5605-8565-9

Ⅰ.①药… Ⅱ.①杨…②徐… Ⅲ.①药用植物－标本 Ⅳ.①Q949.95-34

中国版本图书馆 CIP 数据核字（2016）第 115663 号

书　　名	药用植物标本采集与制作技术
主　　编	杨先国　徐芳辉
责任编辑	问媛媛　杨　花
出版发行	西安交通大学出版社
	（西安市兴庆南路 1 号　邮政编码 710048）
网　　址	http://www.xjtupress.com
电　　话	（029）82668357　82667874（发行中心）
	（029）82668315（总编办）
传　　真	（029）82668280
印　　刷	湖南省众鑫印务有限公司
开　　本	889mm×1194mm　1/32　印张 10.5　字数 371 千字
版次印次	2016 年 6 月第 1 版　2021 年 1 月第 3 次印刷
书　　号	ISBN 978-7-5605-8565-9
定　　价	38.00 元

前言

　　本书是为高职高专中药专业《药用植物学》课程编写的配套实训教材，主要目的是培养学生识别常见药用植物、采集与制作植物标本的基本实践技能。

　　本书分总论与各论两部分。总论共分两章，第一章简要概述湖南省药用植物资源概况；第二章简要介绍药用植物标本的采集与制作技术，重点介绍腊叶标本与浸液标本的基本制作方法。各论部分共收载湖南地区常用药用植物330种，每种药用植物概述其基源、药材名称、别名、识别特征、生长环境、采收加工、化学成分、性味归经以及功能主治；药物编排顺序按蕨类植物、裸子植物及被子植物分科排列。

　　本书内容丰富，易学实用，所载药用植物品种地方特色鲜明，每种药用植物均配相应的彩色图谱及部分特征图谱，图谱多为药用植物生长地实地拍摄，珍贵难得。本书可作为高等院校、中等专业学校及有关职业技术培训的教材或对中草药感兴趣的业余爱好者的参考书，也可为广大有志于中医药事业的人士使用。

　　本书的编写得到益阳医学高等专科学校、常德职业技术学院、长沙卫生职业学院、湖南食品药品职业学院、永州职业技术学院以及湖南中医药高等专科学校等单位的大力支持和西安交通大学出版社编辑的具体指导，在此谨表示诚挚的谢意。

　　由于学识与编写水平有限，本书在编写中难免存在诸多不妥，恳望读者批评指正，提出宝贵意见，以便修订时改进。

编者

2016 年 4 月

目录

第一篇　总论

第二篇　各论

第一篇 总论

第一章　湖南药用植物资源概况

湖南省位于长江以南，地处云贵高原向江南丘陵、南岭山脉向江汉平原过渡的中亚热带地区，年平均气温 16～18℃，无霜期为 261～313 天，年降雨量 1 200～1 700 mm，光照充足，全年光照 1 300～1 900 h，土壤以红壤和黄壤为主，呈酸性土壤。境内地理位置特殊，地貌及地形复杂，自然气候优越，药用资源种类丰富多样。复杂的地形、温和湿润的气候造就了丰富的动物、植物和矿物资源。据第四次全国中药资源试点普查结果，我省中药材资源共计 4 124 种，其中矿物药 69 种，动物药 451 种，植物药 3 604 种，全国 363 种重点中药材品种中湖南占有 241 种，矿物药材保有量多达 90 多亿吨，中药资源种类列全国第二位。

湖南中药资源保护、利用、研究与应用历史悠久，源远流长，在历代本草中多有记载。距今 2 000 多年的长沙马王堆一号汉墓不仅出土了杜衡、高良姜、桂皮、佩兰、干姜、花椒、辛夷等 9 种药材，并有应用组方，同时出土的"五十二病方"载药 253 种，开启了研究、开发湖湘中药材的先河。南朝梁代·陶弘景在《名医别录》中载"猪苓、白薇生衡山山谷"，"女贞生武陵山谷"。宋朝·苏颂著《图经本草》中述"衡州有乌药。"宋朝·寇宗奭在《本草衍义》中记载"杜仲产湖广、湖南者良""山药即薯蓣也，长沙山谷中有之。"明代·李时珍在《本草纲目》白术项下有"白术瘦而黄者是幕阜山所出""湖南产海金沙株高一二尺，七月采其全科，于日中曝之"。其他还有岳阳鳖甲、常德龟板、湘中玉竹、辰溪辰砂、新晃吴萸石门雄黄等数不胜数，多种道地中药以其优良的品质，被列为历代贡品、精品，药效显著，闻名海内外。湖南许多常用中药材家种亦历史悠久，如隆回县种植百合已有 1200 多年，慈利县种植杜仲也有千年以上，平江县种植白术见于记载有 300 多年，沅江县种植枳壳有 360 多年，桑植县种植木瓜已有 200 余年，邵东种植玉竹已有 200 多年，道县种植厚朴已有 150 余年。

根据资源调查和湖南自然地理环境，湖南省的中药资源可划分为 5 个分区，即湘西北武陵山区、湘西南雪峰山区、湘南南岭北部区、湘中湘东丘陵区、洞庭湖及环湖丘岗区。其中湘西北武陵山中药区地处云贵高原东北边缘，武陵山脉和沅水谷地，是湖南省温带性药用植物区系最多的产区。特色药用植物有多花黄精、八角莲、白及、蛇足石杉等，也是我省杜仲、卷丹、毛叶木瓜、厚朴、川黄檗的重要产区。湘西南雪峰山中药区主要为东北至西南走向的雪峰山系，地貌以中低山为主，山地气候以温冷湿润为主。特色药用植物有杜衡、补骨脂、蛇莲、砚壳花椒、美花石斛等，为我省山银花、百合、茯苓、天麻、青钱柳、吴茱萸、龙脑樟的重要生产地区。湘南南岭北部中药区位于湖南省南部和西南部，该区水热丰富，冬季温和，分布有大量的湖南植物区系成分的常绿阔叶林，最适宜林木药材和野生药材的生长。特色野生药用植物资源有黄花倒水莲、华南远志、大叶千斤拔、白花油麻藤、钩吻、细叶石斛及石仙桃等，是我省厚朴、罗汉果、升麻、灵香草、蕲蛇的重要产区。湘中湘东丘陵中药区位于湖南省中部，本区东、南、西三面环山，中部及北部地势较低，东部和东北部为湘赣边境山地，特色药用植物有乌药、半夏、雷公藤、金樱子、射干、鱼腥草、香附子、夏枯草等；栽培面积较大的品种有平江的白术，为全国白术的第二大产区；被誉为"茶陵三宝"的茶陵白芷、茶陵生姜与茶陵大蒜，祁东的丹皮、占全国市场的70%的玉竹，另外，家种品种还有山药、吴茱萸、枳壳、桔梗、荆芥、百合、射干、天南星、天麻、绞股蓝、杜仲、莲、天麻等。因此，该地区为湖南中药材种植最重要的区域。洞庭湖及环湖丘岗分区位于湖南省北部，以洞庭湖为中心，由湖泊冲击平原、滨湖阶地、环湖低山丘岗组合而成的同心环状蝶形盆地，区内以水生及湿生植物为主，特色药用植物有莲、芡实、芦苇、白花蛇舌草、半边莲、半枝莲等。该地区的种植品种以沅江种植枳壳（酸橙）、莲子为主。

总之，湖南中医药资源丰富，湖湘中医药文化源远流长，中医药应用历史悠久，具有发展中医药产业得天独厚的优势。

第二章　药用植物标本的采集与制作

药用植物标本是指药用植物的全株体或一部分经过采集和适当的物理或化学方法处理后能长期保存其基本形态的实物样品。它包含着一个物种的大量信息，如形态特征、地理分布、生态环境等，是人们认识药用植物形态结构和鉴别药用植物的主要方式之一，为药用植物分类、资源开发、合理利用和生物多样性保护等提供重要的科学依据。

根据处理和保存方法的不同，药用植物标本可以分为腊叶标本（压制标本）、浸制标本、风干标本、叶脉标本等。其中最常用的有腊叶标本（压制标本）和浸制标本。

第一节　腊叶标本的采集与制作

腊叶标本又称压制标本，是干制药用植物标本的一种。采集带有花、果实的新鲜药用植物的一部分，或带花、果实的整株药用植物体，经在标本夹中压平、干燥后，装贴在台纸上而成的标本，供药用植物分类、教学、研究等使用。腊叶标本的制作最早于 16 世纪初由意大利人卢卡·吉尼（Luca Ghini）发明，这类标本对于植物分类工作意义重大，使得植物学家在一年四季中都可以查对采自不同地区的标本。腊叶标本的制作主要包括采集准备、外出采集、标本制作三部分。

一、腊叶标本的采集

在药用植物标本的采集过程中，首先必须确保采集完整的标本，其次对于不同种类的药用植物需要分别对待。不同的环境生长着不同的药用植物，随着海拔高度的增加、地形变化的复杂，药用植物种类往往特别丰富。所以采集标本时既要了解药用植物的形态特征和生态特点，又要了解所调查地区的特点才能更有效地采集到所需要的药用植物标本。

（一）标本采集用具

采集前的准备工作，包括采集用具及用品。如标本夹（又称夹板，45×30 cm方格板2块，配以绳带）、吸水纸（吸水性强的草纸，折成略小于标本夹的3～5张一叠若干）、采集箱、枝剪和高枝剪、掘根铲、丁字小镐或手铲、手锯、放大镜、药用植物标本采集记录本、标本签、采集号牌、铅笔、透明胶、绳索、海拔仪、照相机和蛇药等。中国种子药用植物科属检索表、中国高等药用植物图鉴、中国药用植物志、湖南药用植物志等工具书。

（1）掘根铲：用于采集草本药用植物的标本，连同根茎一起挖出，并用铲子轻敲以除去根茎上多余的泥土（图2-1）。

（2）标本夹：压制标本的主要用具之一。它的作用是将吸湿草和标本置于其内压紧，使花叶不致皱缩凋落，而使枝叶平坦，容易装订到台纸上。标本夹用坚韧的木材为材料，一般长约43 cm，宽30 cm，以宽3 cm，厚约5～7 mm的小木条，横直每隔3～4 cm，用小钉钉牢，四周用较厚的木条（约2 cm）嵌实（图2-2）。

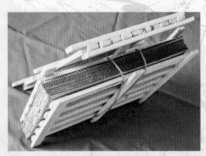

图 2-1 掘根铲 　　　　　　　　　　　图 2-2 标本夹

（3）枝剪或剪刀：用以剪断木本或有刺的药用植物（图2-3）。

（4）高枝剪　用以采集徒手不能采集到的乔木上的枝条或陡险处的药用植物（图2-4）。

（5）采集箱、采集袋或背篓：用以临时收藏采集品用，适宜于大型药用植物标本（图2-5）。

（6）小锄头：用来挖掘草本及矮小药用植物的地下部分。

（7）吸湿草纸（普通草纸）：用来吸收水分，使标本易干。最好买大张的，对折后用订书机订好。其装订后的大小为：长约42 cm，宽约29 cm。

（8）记录薄、号牌：用以野外记录用。

（9）便携式药用植物标本干燥器：用以烘干标本，代替频繁的换吸水纸。

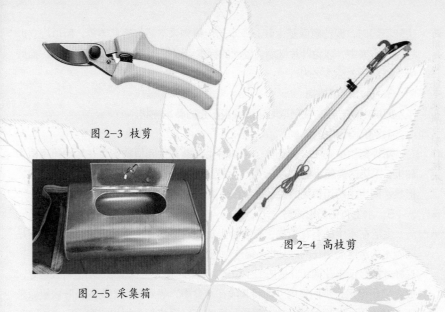

图 2-3 枝剪

图 2-4 高枝剪

图 2-5 采集箱

（10）其他：海拔仪、GPS、照相机、钢卷尺、放大镜、铅笔等用品。

（二）标本采集方法

采集药用植物标本的季节应选择在春夏之交，药用植物标本各器官较齐全。采集标本的时间应选在晴天上午或中午，所采集的标本既无露水，且植株体内水分较少，有利于标本的干燥。

采集药用植物标本时，应选取有代表特征的药用植物体各部分器官，一般除采枝叶外，最好采集带花或果实的部分。如果药用部位是根、地下茎或树皮的药用植物，必须同时采集该药用植物的少许地上茎及枝叶部分。

1. 木本药用植物

由于木本药用植物一般较为高大，应采集有代表性特征的带花或果实的枝条（25～30 cm）。雌雄异株或同株的，雌雄花应分别采取。如果同一株药用植物的枝条（或叶）外形有两种类型的，两种叶都要采集。对于多年生药用植物，一般采集二年生的枝条，如果是乔木或灌木，标本的先端不能剪去，以便区别于藤本类。另外，木本药用植物许多种类树皮的颜色、剥裂情况是重要分类标志，如桦木。因此应剥取一块树皮附在标本上。

2. 草本药用植物

采集草本药用植物首先应采集带根的全草（中等大小、高约 40 cm 左右），植株特别高大的，需把中段剪除，留上半部和基部茎叶压在一起。基生叶和茎生叶不同时，要注意采基生叶。草本药用植物采下后很容易萎蔫，所以应立即压入标本夹中，以免叶片皱缩。较大的标本可以折成"V"或"N"字形，盖好吸水纸后压入标本夹内。

3. 藤本药用植物

剪取中间一段，在剪取时应注意表示它的藤本性状。

4. 寄生药用植物

高等药用植物中，如菟丝子、槲寄生、桑寄生等植物寄生在其他药用植物体上，采集这类药用植物的时候，必须连同寄主一起采集压制，并把寄的种类、形状、同寄生药用植物的关系记录在采集记录上。

5. 水生有花药用植物

生活在水中的有花植物，有些种类具有地下茎，有些种类的叶柄和花柄是随着水的深度而增长的。因此采集这种药用植物时，有地下茎的应采取地下茎，这样才能显示出花柄和叶柄的着生位置。采集时最好整株捞取，用塑料袋包好，放在采集箱里，带回室内立即将其放在水盆中，等到药用植物的枝叶恢复原来形态时，用一张旧报纸，放在浮水的标本下轻轻将标本提出水面后，立即放在干燥的吸水纸里压制，压上以后要勤换纸，直到将标本的水分吸干为止。

6. 其他类药用植物

菌类药用植物标本采集时，一定要注意保持其子实体的完整性。地衣药用植物标本的采集不受季节的限制，支状地衣和叶状地衣以假根或脐固着于基质上，采集时要用手抓住，用刀轻轻从基质上剥离下来。壳状地衣则牢固而紧密地贴在基质上难以剥离，因此采集时应连同基质一起采集。土生地衣可用刀挖取。树生地衣可连同树枝一起剪下。石生地衣须用铁锤敲打下其着生的一片石块。苔藓药用植物采集时要选择有苞蒴的植株，并将其生长的基物一起采回。蕨类药用植物标本采集时，需尽可能采集有孢子囊的标本，标本一定要掘出土壤里的根状茎，有些蕨类药用植物应将孢子叶和营养叶采集完全。

（三）野外记录

采集记录主要包括采集号、采集时间、采集地点、坐标点、海拔、照片号、采集人、标本份数、生长环境、草地类型、药用植物形态特征、中文名、科名、学名等。外出采集之前必须准备足够的采集记录纸（表2-1），做到随时采集随时记录和编号。

采集药用植物标本的同时也要进行药用植物图片的拍摄，以准确表现药用植物姿态，进一步了解其生境、伴生植物及生长状态。照片要素主要包括药用植物生境、群落、全株，花、果、叶、种子等的局部特写等。

表 2-1 药用植物标本室采集记录

采集日期			
产　地	省　　县（市）		
生　境		海拔	m
习　性	（路边、山坡灌林等）		
体　高	m	胸径	cm
叶	（填写原来生药用植物的颜色、气味等）		
树　皮	（填写原来生药用植物的颜色、气味等）		
花	（填写原来生药用植物的颜色、气味等）		
果　实	（原果实颜色、形态、是否具乳汁）		
茎	茎的形态（棱形或圆形，匍匐或直立）有否节结等		
根	轴根系或须根系、主根是否明显，有无侧根、气根等		
科　名		属　名	
种　名			
采集者		采集号	

　　采集标本时参考以上采集记录的格式逐项填好后，必须立即用带有采集号的小标签挂在药用植物标本上，同时要注意检查采集记录上的采集号数与小标签上的号数是否相符。

二、腊叶标本的制作

　　腊叶植物标本采集之后要先经过整理和压制吸水，使标本在短期内快速干燥，以保持药用植物本身的形态和颜色。传统的干制方法是利用吸水纸压制法而使标本干燥。目前，采用的标本干制法有电热干燥、微波干燥法等，可获得良好的效果。干燥的标本再经过杀虫与灭菌后才能上台纸进行装订，装订好的标本放入专门的标本室内进行保存，这样才能完整地制作出具有长期保存效果的腊叶标本。

（一）标本的压制

　　1. 初步整形

　　对采集的材料根据有代表性、面积要小的原则进行初步分类和整理，清洗或擦除标本材料上的污泥，使植株保持自然状态，剪去多余密迭的枝叶，以免遮盖花果，影响观察以及压制时重叠太厚，不易压平而生霉。如果叶片太大不能在夹板上压制，可沿中脉一侧剪去全叶 40%，保留叶尖。对景天科、天南星科等肉质药用植物，需经沸水中稍烫后再行压制，时间不宜太长，避免煮熟标本。对球茎、块茎、鳞茎等除用沸水稍烫后，还要切除一半，然后再压制，可促其快速干燥。

2. 压制

标本采集经过整形、修饰后需尽快压制。先将有绳子的一块标本夹平放，上置 5～6 层吸水草纸，将已整形的标本置于纸上，草本药用植物应连根压入。如果草本或藤本植株过长，可弯折成"V""N"或"W"形（图2-6），也可选其形态上有代表性的部分，剪成上、中、下三段，分别压在标本夹内，但要注意编上同一采集号，以备鉴定时查对。

图 2-6 药用植物标本的形状（1-"I"字形，2-"V"字形，3-"N"形）

每份标本的叶片除大多数正面向上外、应有少数叶片使其背面向上用以显示背面的特征。每份标本上面盖 2～3 层草纸，再放另一份标本（草纸厚薄可根据标本含的水分多少而增减），铺时须将标本的首尾不时调换位置。当所有标本压完后，最上面一份标本，需盖上 5～6 层纸，再放上另一块标本夹，用麻绳将标本夹横木捆紧。捆标本时，注意四面平展，否则标本压得不整齐，还会损坏标本夹。将压有标本的标本夹，放在日光下晒或置于通风处。

3. 换纸干燥

标本压制前几天要勤换吸水草纸，每天应换 2～3 次干纸，以后标本含水量减少每天换一次即可，直至标本完全干燥为止，以保持标本不发霉和减少变色。在换纸时应注意标本的叶片不要皱折，可以先用干的吸水纸覆盖在标本上，然后将已湿的吸水纸和标本一起拿起反铺在吸水纸上，再取掉湿吸水纸。易脱落的果实、种子和花，要用小纸袋装好，放在标本旁边，以免翻压时丢失。

4. 干燥器干燥

压制好的标本也可利用便携式植物标本干燥器（图2-7）烘干。标本压制方法与上述一样，不同的是在每份或每两份标本之间插入1张瓦楞纸，以利于水汽散发。体积为50cm×30cm×30 cm 的干燥器每次可干燥100～120份标本。标本上的枝、叶干燥一般耗时20～24h，花、果实等不同类型的药用植物标本耗时会有所增加。干燥器所用的红外辐射有杀虫、灭菌作用，有利于药用植物标本的长期保存。

图 2-7 便携式植物标本干燥器

5. 标本临时保存

标本压制干燥后，如不急于进行腊叶标本的制作，可将其留在吸水纸中保存较长时间。经过8～9天的压制后，标本基本干燥完全。多肉的药用植物（如石蒜种、百合种、景天种、天南星科等），标本不容易干燥，通常要一个月以上。所以，采来以后，必须先用开水或药物处理一下，消灭它的生长能力，然后再压制。

把标本压制干燥后，要按照号码顺序把它们整理好，用一张纸把一个号码的正副分标本隔开，再用一张纸把这个号码的标本夹套成一包，然后在纸包表面右下角写上标本的号码。

（二）标本的杀虫与灭菌方法

为防止害虫蛀食标本，必需进行消毒，通常用升汞 [即氯化汞（$HgCl_2$），有剧毒，操作时需特别小心] 配制 0.5% 的酒精溶液，倾入平底盆内，将标本浸入溶液处理 1～2 分钟，再拿出夹入吸湿草纸内干燥。此外，也可用敌敌畏、二硫化碳或其他药剂熏蒸消毒杀虫。在保存过程中也会发生虫害，如标本室不够干燥还会发霉，因此必须经常检查。

（三）标本装订方法

标本经过消毒后，要选择好的标本上台纸，以作为长期保存和便于利用，应装订在台纸上。

将已压干的药用植物标本，经消毒处理以后，根据原来登记的号码把标本一枝枝地取出来，标本的背面要用笔毛薄薄地涂上一层乳白胶，然后贴在台纸上。台纸是由硬纸作的，长 42 cm，宽 29 cm。每贴好十几份，就捆成一捆，选比较笨重的东西压上，让标本和台纸胶结在一起，用重物压过以后，取回来，放在玻璃板或木板上，然后在枝叶的主脉左右，顺着枝、叶的方向，用小刀在台纸上各切一小长口，把口切好后，用镊子夹一个小白纸插入小长口里，拉紧，涂胶，贴在台纸背面。每一枝标本，最少要贴 5 ~ 6 个小纸条，标本枝条很粗，或者果实比较大，可以用线缝在台纸上，缝的线在台纸背面要整齐的排列，不要重叠起来，最后的线头要拉紧，有些药用植物标本的叶、花及小果实等很容易脱落，要把脱落的叶、花、果实等装在牛皮纸袋内，并且把纸袋贴在标本台纸的左下角。在台纸的右下角和右上角要留出空位，以分别贴上鉴定名签（表2-2）和野外采集记录（表2-1）。

表2-2　药用植物标本名签

植物标本名签

编　号：＿＿＿＿＿＿中文名：＿＿＿＿＿＿＿＿＿＿＿＿＿

科　名：＿＿＿＿＿＿＿＿＿＿＿＿＿＿＿＿＿＿＿＿＿＿＿

拉丁名：＿＿＿＿＿＿＿＿＿＿＿＿＿＿＿＿＿＿＿＿＿＿＿

产　地：＿＿＿＿＿＿＿＿＿＿＿＿＿＿＿＿＿＿＿＿＿＿＿

采集人：＿＿＿＿＿＿＿采集日期：＿＿＿年＿＿月＿＿日

鉴定人：＿＿＿＿＿＿＿＿＿＿＿＿＿＿＿＿＿＿＿＿＿＿＿

（四）标本保存方法

装订好的标本，经定名后，都应放入标本柜中保存，标本柜应有专门的标本室放置，注意干燥、防蛀（放入樟脑丸等除虫剂）。标本室中的标本应按一定的顺序排列，科通常按分类系统排列，也有按地区排列或按科名拉丁字母的顺序排列；属、种一般按学名的拉丁字母顺序排列。

第二节　浸制标本的采集与制作

化学试剂制成的保存液将药用植物浸泡而制成的标本叫药用植物的液浸标本或浸制标本。药用植物整体和根、茎、叶、花、果实各部分器官均可以制成浸制标本。尤其是药用植物的花、果实和幼嫩、微小、多肉的药用植物，经压干后，容易变色、变形，不易观察。制成浸制标本后，可保持原有的形态，这对于在教学和科研工作上具有重要的意义。

药用植物的浸制标本，因要求不同，处理方法也不一样。常见有以下几种。

（1）整体浸制标本——将整个药用植物按原来的形态浸泡在保存液中。

（2）解剖浸制标本——将药用植物的某一器官加以解剖，以显露出主要观察的部位，并浸泡在保存液中。

（3）系统发育浸制标本——将药用植物系统发育如生活史各环节的材料放在一起浸泡在保存液中。

（4）比较浸制标本——将药用植物相同器官但不同类型的材料放在一起浸泡保存液中。

在制作药用植物的浸制标本时，要选择发育正常并具有代表性的新鲜标本。采集后，先在清水中除去污泥，经过整形，放入保存液中，如标本浮在液面，可用玻璃棒暂时固定，使其下沉，待细胞吸水后，即自然下沉。

浸制标本的制作，主要是保存液的配制，下面介绍几种常用的保存液的配制方法。

一、普通浸制标本保存液的配制

普通浸制标本主要用于浸泡教学用的实验材料，故方法简单，易于掌握，常用的保存液配方如下。

1. 甲醛液（最常用，价格最低）

甲醛（市售含量为40%）	5～10 mL
蒸馏水	100 mL

2. 酒精液（价格略贵，所浸制的标本较甲醛液软一些）

95% 酒精	100 mL
蒸馏水	195 mL
甘油	5～10 mL

3. 甲醛、醋酸、酒精混合液（简称FAA，浸制效果较前2种好，但价格较贵）

70% 酒精	90 mL
甲醛	5 mL

二、原色浸制标本保存液的配制

原色浸制标本主要用于科学研究和教学上示范之用，其方法较为复杂，分别介绍如下。

1. 绿色浸制标本

绿色浸制标本的基本原理，是用铜离子置换叶绿素中的镁离子，它的做法是利用酸作用把叶绿素分子中的镁分离出来，使它成为没有镁的叶绿素——药用植物黑素。然后使另一种金属（醋酸铜中的铜）进入药用植物黑素中，使叶绿素分子中心核的结构恢复有机金属化合状态，根据这种原理，可以用下述几种方法制作。

（1）取醋酸铜粉末，缓缓加入50%的冰醋酸中，用玻璃棒搅拌，直至饱和为止，称为母液。将1份母液加4份水稀释，加热至85℃时，将标本放进去，这时标本由绿色变成黄绿色，这说明叶绿素已转变为药用植物黑素（醋酸作用）继续加热时，标本又变成偏蓝的绿色，这说明铜原子已经代替了镁原子，此时停止加热，用清水冲洗标本上的药液放入5%的甲醛液或70%的酒精中保存。因为由铜原子作核心的叶绿素是不溶解在甲醛溶液或酒精中的，同时这种化合物很稳定，不易分解破坏，因此，经过这样处理过的绿色就可以长久保存。

（2）比较薄嫩的药用植物标本，不用加热，放在下面的保存液中浸泡即可。

50% 酒精	90 mL
甲醛	5 mL
甘油	2.5 mL
冰醋酸	2.5 mL
氯化铜	10 g

（3）有些药用植物表面附有腊质、不易浸泡，但在下面保存液中效果较好。

硫酸铜饱和水溶液	750 mL
甲醛	50 mL
蒸馏水	250 mL

将标本在上述溶液保存液中浸泡2周，然后放入4%～5%的甲醛溶液中保存。

（4）药用植物的绿色果实，放在下边溶液中效果较好。

硫酸铜	85 g

亚硫酸	28.4 mL
蒸馏水	2485 mL

将标本在上述保存溶液中浸泡3周后，再放入下边保存液中长久保存。

亚硫酸	284 mL
蒸馏水	3785 mL

2. 红色浸制标本

（1）
硼酸	450 g
75%～90%酒精	200 mL
甲醛	300 mL
蒸馏水	400 mL

（2）
6%亚硫酸	4 mL
氯化钠	60 g
甲醛	8 mL
硝酸钾	4 g
甘油	240 mL
蒸馏水	3875 mL

3. 黑色、紫色浸制标本

（1）
甲醛	450 mL
95%酒精	2800 mL
蒸馏水	2000 mL

（此液产生沉淀，需过滤后使用。）

（2）
甲醛	450 mL
饱和氯化钠水溶液	1000 mL
蒸馏水	8700 mL

4. 黄色浸制标本

亚硫酸	568 mL
80%～90%酒精	568 mL
蒸馏水	4500 mL

5. 白色、浅绿色浸制标本

（1）
氯化锌	225 g
80%～90%酒精	900 mL
蒸馏水	6800 mL

（2） 氯化锌　　　　　　　　50 g

　　　甲醛　　　　　　　　　25 mL

　　　甘油　　　　　　　　　25 mL

　　　蒸馏水　　　　　　　　1000 mL

（3） 15% 氯化钠水溶液　　　1000 mL

　　　2% 亚硫酸钠　　　　　　20 mL

　　　甲醛溶液　　　　　　　10 mL

　　　2% 硼酸　　　　　　　　20 mL

6. 无色透明浸制标本

将标本放入 95% 酒精之中，在强烈的日光下漂白，并不断更换酒精，直至药用植物体透明坚硬为止。当保存液配制完毕后，将药用植物标本放入浸泡，加盖后用溶化的石蜡将瓶口严密封闭。贴上标签（注明标本的科名、学名、中文名、产地、采集时间与制作人），浸制标本和腊叶标本是同号标本，可将腊叶标本的采集号注在浸制标本的标签上，以防混乱。浸制标本做好后，应放在阴凉不受日光照射处妥善保存。

第三节　野外标本采集注意事项

野外现场采集制作药用植物标本是一项集体活动，又是在野外进行的一项教学实践活动，人员分散，组织管理难度大，因此要求参加活动的全体师生必须熟记"三篇"。

一、学生篇

药用植物野外活动期间，学生必须遵循"一三五二一"的管理准则，即"一条纪律、三项注意、五个要求、二种精神和一个保证"。

1. 一条纪律

"一条纪律"即指一切行动听指挥。

（1）现场采集标本的学生必须服从带队老师的统一领导，一切行动服从带队老师安排，不得擅自行动，有事外出须向负责老师请假，且必须三人以上同行。

（2）学生住宿服从老师的安排，严格作息制度，严禁酗酒，不得聚众赌博，打架斗殴。

（3）采集队分配的工具、仪器用品、参考资料，要指定专人负责保管。

（4）保护自然环境，爱护一草一木，保护野生植物，没有得到指导教师同意，不得滥采标本。

2. 三项注意

"三项注意"即注意同学之间的团结，注意师生之间的关系和注意采集队与当地标本采集单位之间的关系。要遵守采集地的有关政策、法令和规定，尊重当地风俗习惯，讲文明礼貌，注重大学生的风范，不得做有损学校及人格的事情，与周围群众搞好关系，特殊事情要及时向老师报告。

3. 五个要求

"五个要求"即要求学生在野外标本采集中多看、多听、多记、多问、多思。细心观察，勤于思考，认真做好实习记录，按时高质量地完成任务。

4. 二种精神

"二种精神"即不怕苦、不怕累精神。尊敬师长、关心同学、相互协作、助人为乐，发扬集体主义精神。

5. 一个保证

"一个保证"即保证安全。野外标本采集时遵从安全第一的原则，提高警惕，注意安全，不冒险，不擅自攀援或到危险的地方去，不随便采食野果，不在河道中游泳、洗澡，有问题及时报告老师。

二、装备篇

1. 实习用具

GPS、数码相机、记录本、HB 铅笔、放大镜、标本号码牌、棉线团、标本纸、标本夹、粗绳索、小铁锹、枝剪、采集袋、干燥箱、野外实习报告册、笔记本等。

2. 药品

风油精、创可贴、蛇药及感冒药、止泻药和抗过敏药物等。

3. 工具书

《中国植物志》《中国高等植物图鉴》《药用植物学》等。

4. 个人日常生活用品

登山服 1 套（较厚的运动服或军训服）、登山鞋 1 双（运动鞋或其他平底耐磨鞋）、登山包 1 个、太阳帽 1 个、布袜 2 双（足球袜或其他厚、长、孔眼小的袜子，防蛇及山蚂蝗用）、水壶 1 个（或较大的矿泉水瓶）、雨伞 1 把以及正常洗换衣服、脸盆等个人日常生活用品。

三、野外篇

1. 遇到较大的意外伤害

（1）不要惊慌失措，要保持镇静。应向周围大声呼救，并电话及时联络老师，不要单独留下伤病员。

（2）在周围环境不危及生命条件下，一般不要轻易随便搬动伤员。

（3）根据伤情对病员边分类边抢救，处理的原则是先重后轻、先急后缓、先近后远。

2．晒伤

皮肤被晒红并出现肿胀、疼痛时，可用冷毛巾敷在患处，直至痛感消失。如出现水泡，不要挑破，应请医生处理。

3．中暑

（1）主要症状：头痛、晕眩、烦躁不安、脉搏强而有力，呼吸有杂音，体温可能上升至40℃以上，皮肤干燥泛红。

（2）处理：一旦有人中暑，应尽快将其移至阴凉通风处，将其衣服用冷水浸湿，裹住身体，并保持潮湿，或不停扇风散热并用冷毛巾擦拭患者，直到其体温降到38℃以下，若出现神志不清、抽搐，应立即送医院。

4．热昏厥

（1）主要症状：感觉精疲力尽，却烦躁不安，头痛、晕眩或恶心，脸色苍白，皮肤感觉湿冷。呼吸快而浅，脉搏快而弱。可能伴有下肢和腹部的肌肉抽搐。体温保持正常或下降。

（2）处理：一旦发生热昏厥，应尽快将患者移至阴凉处躺下。若患者意识清醒，应让其慢慢喝一些凉开水。若患者大量出汗，或抽筋、腹泻、呕吐，应在水中加盐饮用（每公升一茶匙）。若患者已失去意识，应让其卧姿躺下，充分休息直至症状减缓，送医院进行进一步救治。

5．蜂蜇

（1）预防：最好穿戴浅色光滑的衣物，因为蜂类的视觉系统对深色物体在浅色背景下的移动非常敏感，若有人误惹了蜂群，而招至攻击，唯一的办法是用衣物保护好自己的头颈，反向逃跑或原地趴下。千万不要试图反击，否则只会招致更多的攻击。

（2）处理：被蜂蜇后，可用针或镊子挑出蜂刺，但不要挤压，以免剩余的毒素进入体内。用氨水、牛奶、苏打水甚至尿液涂抹被蜇伤处，中和毒性。用冷水浸透毛巾敷在伤处，减轻肿痛。

6．毒蛇咬伤

（1）症状：在野外如被毒蛇咬伤，患者会出现出血、局部红肿和疼痛等症状，严重时几小时内就会死亡。

（2）处理：迅速用布条、手帕、领带等将伤口上部扎紧，以防止蛇毒扩散，然后用消过毒的刀在伤口处划开一个长1 cm、深0.5 cm左右的刀口，用嘴将毒液吸出。如口腔黏膜没有损伤，唾液可起到中和作用，所以不必担心中毒。

7. 昆虫叮咬

用冰或凉水冷敷后，在伤口处涂抹氨水。

8. 关节损伤

切不可搓揉、转动受伤的关节，即刻用冷毛巾或垫上纱布等用冰在所损伤处冷敷 15 ～ 30 分钟，24 小时后方可改用热敷。

9. 外伤出血

若遇外伤出血，可用净水冲洗，用干净纸巾等包住。轻微出血可采用压迫止血法，一小时过后每隔 10 分钟左右要松开一下，以保证血液循环。

10. 水泡防治

（1）预防：最好穿着与脚"磨合"惯了的鞋、吸汗的棉或线袜子。在容易磨出水泡的地方事先贴一块"创可贴"。

（2）一旦磨出了水泡，首先要将泡内的液体排出。用消毒过的针在水泡表面刺个洞，挤出水泡内的液体，然后用碘酒、酒精等消毒药水涂抹创口及周围，最后用干净的纱布包好。

11. 迷路

确认迷路后，若不能依原路折回，应留在原地等候救援。切勿再往前进，以免消耗体力及增加救援的难度。或往高处走，居高临下较易辨认方向，亦容易被救援人员发现。

第二篇　各论

◎ 石松科

石松

【基　　源】石松科植物石松 *Lycopodium japonicum* Thunb. 的干燥全草。

【药材名称】伸筋草。

【别　　名】伸筋草、过山龙、宽筋藤、玉柏。

【识别特征】①多年生土生植物。匍匐茎地上生，细长横走，2～3回分叉，绿色，被稀疏的叶；侧枝直立，多回二叉分枝，压扁状。②叶螺旋状排列，密集，上斜，披针形或线状披针形，基部楔形，下延，无柄，先端渐尖，边缘全缘，草质，中脉不明显。③孢子囊穗集生长于总柄，总柄上苞片螺旋状稀疏着生，薄草质，形状如叶片；孢子叶阔卵形，先端急尖，具芒状长尖头，边缘膜质；孢子囊生长于孢子叶腋，略外露，圆肾形，黄色。

【生长环境】生长于海拔 100～3300 m 的林下、灌丛下、草坡、路边或岩石上。

【采收加工】夏、秋二季茎叶茂盛时采收，除去杂质，晒干。

【化学成分】全草含石松碱、棒石松碱、棒石松洛宁碱、法氏石松碱、石松灵碱等生物碱，及香荚兰酸、阿魏酸等。

【性味归经】微苦、辛，温。归肝、脾、肾经。

【功能主治】祛风除湿，舒筋活络。用于关节酸痛，屈伸不利。

◎ 卷柏科

翠 云 草

【基　　源】卷柏科植物翠云草 *Selaginella uncinata* (Desv.) Spring. 的干燥全草。

【药材名称】翠云草。

【别　　名】龙须、蓝草、蓝地柏、绿绒草。

【识别特征】①土生，主茎先直立而后攀援状，主茎自近基部羽状分枝，无关节，禾秆色，茎圆柱状，具沟槽，无毛，主茎先端鞭形，侧枝5～8对，2回羽状分枝。②叶全部交互排列，二形，草质，表面光滑，具虹彩，边缘全缘，明显具白边；主茎上的腋叶明显大于分枝上的，肾形，分枝上的腋叶对称，宽椭圆形或心形，边缘全缘，基部不呈耳状，近心形。中叶不对称，主茎上的明显大于侧枝上的，侧枝上的叶卵圆形，接近到覆瓦状排列，背部不呈龙骨状。侧叶不对称，主茎上的明显大于侧枝上的。③孢子叶穗紧密，四棱柱形，单生长于小枝末端；孢子叶一形，卵状三角形，边缘全缘，具白边，先端渐尖，龙骨状；大孢子叶分布于孢子叶穗下部的下侧。大孢子灰白色或暗褐色；小孢子淡黄色。

【生长环境】生长于海拔50～1 200 m的林下。中国特有，其他国家也有栽培。

【采收加工】全年可采，鲜用或晒干。

【化学成分】含二脂酰甘油基三甲基高丝氨酸等。

【性味归经】甘、淡，凉。归肝、肺、心经。

【功能主治】清热利湿，止血，止咳。用于急性黄疸型传染性肝炎，胆囊炎，肠炎，痢疾，肾炎水肿，泌尿系感染，风湿关节痛，肺结核咯血；外用治疗肿，烧烫伤，外伤出血，跌打损伤。

◎ 石杉科

蛇足石杉

【基　　源】石杉科植物蛇足石杉 *Huperzia serrata* (Thunb. ex murray) Trev. 的全草。

【药材名称】蛇足石杉。

【别　　名】蛇足石松、千层塔。

【识别特征】①多年生土生植物。茎直立或斜生，枝连叶宽 2～4 回二叉分枝，枝上部常有芽胞。②叶螺旋状排列，疏生，平伸，狭椭圆形，向基部明显变狭，通直，基部楔形，下延有柄，先端急尖或渐尖，边缘平直不皱曲，有粗大或略小而不整齐的尖齿，两面光滑，有光泽，中脉突出明显，薄革质。孢子叶与不育叶同形。③孢子囊生长于孢子叶的叶腋，两端露出，肾形，黄色。

【生长环境】生长于海拔 300 ~ 2 700 m 的林下、灌丛下、路旁。

【采收加工】全年可采，鲜用或晒干。

【化学成分】含生物碱：如石松碱、石松定碱、蛇足石松碱、千层塔碱、千层塔宁碱、石杉碱 A、B 等。

【性　　味】苦、辛、微甘，平。有小毒。

【功能主治】止血散瘀，消肿止痛，清热除湿，解毒。用于跌打损伤，内伤吐血，尿血，痔疮下血，带下病，肿毒，口腔溃疡，烫伤等症。

◎ 木贼科

笔 管 草

【基　　源】木贼科植物笔管草 *Equisetum ramosissimum* Desf. subsp. debile (Roxb. ex Vauch.) Hauke 的全草。

【药材名称】笔管草。

【别　　名】节节草。

【识别特征】①中小型植物。根茎直立，横走或斜升，黑棕色，节和根疏生黄棕色长毛或光滑无毛。②枝一型，中部直径 1～3 mm，节间长 2～6 cm，绿色，主枝多在下部分枝，常形成簇生状；主枝有脊 5～14 条；鞘筒狭长达 1 cm，下部灰绿色，上部灰棕色；鞘齿 5～12 枚，三角形，灰白色，黑棕色或淡棕色，边缘（有时上部）为膜质；鞘齿 5～8 个，披针形，革质但边缘膜质，上部棕色，宿存。③孢子囊穗短棒状或椭圆形，无柄。

【生长环境】生长于溪边、沟边、沙壤、黏土半阴湿地。

【采收加工】夏季采收，除去杂质，晒干或阴干贮藏。

【化学成分】含烟碱、山柰酚 -3- 槐糖苷、山柰酚 -3- 槐糖 -7- 葡萄糖苷等。

【性　　味】微苦，寒。

【功能主治】疏风止泪退翳，清热利尿，祛痰止咳。用于目赤肿痛，角膜云翳，肝炎，咳嗽，支气管炎，泌尿系感染，小便热涩疼痛，尿路结石。

◎ 紫萁科

紫 萁

【基　　源】紫萁科植物紫萁 *Osmunda japonica* Thunb. 的根茎及叶柄基部。

【药材名称】紫萁贯众。

【别　名】紫萁贯众。

【识别特征】①植株高 50 ~ 80 cm。根状茎短粗，或成短树干状而稍弯。②叶簇生，直立，叶片为三角广卵形，顶部一回羽状，其下为二回羽状；羽片 3 ~ 5 对，对生，长圆形，基部一对稍大，有柄，斜向上，奇数羽状；小羽片 5 ~ 9 对，对生或近对生，无柄，分离，长圆形，先端稍钝或急尖，向基部稍宽，圆形，顶生的同形，有柄，边缘有均匀的细锯齿。叶脉两面明显，自中肋斜向上，二回分歧，小脉平行，达于锯齿。③孢子叶（能育叶）同营养叶等高，羽片和小羽片均短缩，小羽片变成线形，沿中肋两侧背面密生孢子囊。

【生长环境】生长于林下或溪边酸性土壤。

【采收加工】春、秋季采挖根茎，削去叶柄、须根，除净泥土，晒干或鲜用。

【化学成分】含尖叶土杉甾酮 A、脱皮甾酮及脱皮酮等。

【性味归经】苦，微寒；有小毒。归脾、胃经。

【功能主治】清热解毒，祛瘀止血，杀虫。用于流感，流脑，乙脑，腮腺炎，痈疮肿毒，麻疹，水痘，痢疾，吐血，衄血，便血，崩漏，带下，蛲虫，绦虫，钩虫等肠道寄生虫病。

◎ 海金沙科

海　金　沙

【基　源】海金沙科植物海金沙 *Lygodium japonicum* (Thunb.) Sw. 的干燥成熟孢子。

【药材名称】海金沙。

【别　名】左转藤、铁蜈蚣、金砂截、罗网藤、铁线藤。

【识别特征】①植株高攀达 1 ~ 4 m。②叶轴上面有二条狭边，羽片多数，对生长于叶轴上的短距两侧，平展。不育羽片呈尖三角形，长宽几相等，二回羽状；一回羽片 2 ~ 4 对，互生，基部一对，卵圆形，一回羽状；二回小羽片 2 ~ 3 对，卵状三角形，具短柄或无柄，互生，掌状三裂；末回裂片短阔，基部楔形或心脏形，先端钝，顶端的二回羽片波状浅裂；主脉明显，侧脉纤细，从主脉斜上，1 ~ 2 回二叉分歧，直达锯齿；叶纸质。能育羽片卵状三角形，长宽几相等，二回羽状；一回小羽片 4～5 对，互生，相距约 2～3 cm，长圆披针形，一回羽状；二回小羽片 3～4 对，卵状三角形，羽状深裂。③孢子囊穗长 2～4 mm，排列稀疏，暗褐色，无毛。

【生长环境】生长于山坡灌木丛中或沟边坡坎。

【采收加工】秋季孢子未脱落时采割藤叶，晒干，搓揉或打下孢子，除去藤叶。

【化学成分】含海金沙素、反式 - 对 - 香豆酸、脂肪油等。

【性味归经】甘、咸，寒。归膀胱、小肠经。

【功能主治】清利湿热，通淋止痛。用于热淋，石淋，血淋，膏淋，尿道涩痛。

◎ 蚌壳蕨科

金毛狗脊

【基　　源】蚌壳蕨科植物金毛狗脊 *Cibotium barometz* (L.) J.Sm. 的干燥根茎。

【药材名称】狗脊。

【别　　名】狗脊、金毛狗、金狗脊。

【识别特征】①植株高（50）80～120 cm。根状茎粗壮，横卧，暗褐色，密被鳞片；鳞片披针形或线状披针形。②叶近生；柄暗浅棕色，坚硬，下部密被与根状茎上相同而较小的鳞片；叶片长卵形，先端渐尖，二回羽裂；顶生羽片卵状披针形，大于其下的侧生羽片，其基部一对裂片往往伸长，侧生羽片（4）7～16 对，下部的对生或近对生，向上的近对生或为互生，斜展或略斜向上，疏离，基部一对略缩短，下部羽片较长，相距 3 ~ 7 cm，线状披针形，先端长渐尖，基部圆楔形或圆截形，上侧常与叶轴平行，羽状半裂；裂片 11 ~ 16 对，互生或近对生，基部一对缩小，下侧一片为圆形、

卵形或耳形，圆头，上侧一片亦较小，向上数对裂片较大，密接，斜展，椭圆形或卵形。叶脉明显，羽轴及主脉均为浅棕色，叶近革质。③孢子囊群线形，挺直，着生长于主脉两侧的狭长网眼上，不连续，呈单行排列；囊群盖线形，质厚，棕褐色，成熟时开向主脉或羽轴，宿存。

【生长环境】广布于长江流域以南各省区，生长于疏林下。

【采收加工】秋、冬二季采挖，除去泥沙，干燥；或去硬根、叶柄及金黄色绒毛，切厚片，干燥，为"生狗脊片"；蒸后晒至六、七成干，切厚片，干燥，为"熟狗脊片"。

【化学成分】含蕨素、金粉蕨素、金粉蕨素 -2'-O- 葡萄糖甙、金粉蕨素 -2'-O-阿洛糖甙、欧蕨伊鲁甙等。

【性味归经】苦、甘，温。归肝、肾经。

【功能主治】祛风湿，补肝肾，强腰膝。用于风湿痹痛，腰膝酸软，下肢无力。

药用植物标本采集与制作技术

◎ 陵始蕨科

乌 蕨

【基　　源】陵始蕨科植物乌蕨 *Stenolomachusanum* (Linn.) Ching 的全草。

【药材名称】大叶金花草。

【别　　名】乌韭。

【识别特征】①植株高达 65 cm。根状茎短而横走，密被赤褐色的钻状鳞片。②叶近生，叶柄禾秆色，有光泽，正面有沟，除基部外，通体光滑；叶片披针形，先端渐尖，基部不变狭，四回羽状；羽片 15 ～ 20 对，互生，密接，下部的相距 4 ～ 5 cm，有短柄，斜展，卵状披针形，先端渐尖，基部楔形，下部三回羽状；一回小羽片在一回羽状的顶部下有 10 ～ 15 对，连接，有短柄，近菱形，先端钝，基部不对称，楔形，上先出，一回羽状或基部二回羽状；二回（或末回）小羽片小，倒披针形，先端截形，有齿牙，基部楔形，下延，其下部小羽片常再分裂成具有一、二条细脉的短而同形的裂片。叶脉正面不显，背面明显。③孢子囊群边缘着生，每裂片上一枚或二枚；囊群盖灰棕色，革质，半杯形。

【生长环境】生长于海拔 200 ～ 1 900 m 的林下或灌丛中阴湿地。

【采收加工】秋季采收，洗净泥沙，晒干。

【化学成分】含牡荆素、丁香酸、山柰酚、原儿茶醛、原儿茶酸等。

【性味归经】微苦，寒，无毒。归肝、肺、大肠经。

【功能主治】清热解毒，利湿止血。用于风热感冒，中暑发痧，泄泻，痢疾，白浊，带下病，咳嗽，吐血，便血，尿血，牙疳，痈肿。

◎ 凤尾蕨科

凤 尾 草

【基　源】凤尾蕨科植物凤尾草 *Pteris multifida* Poir 的全草。

【药材名称】凤尾草。

【别　名】金鸡尾、井口边草、井边凤尾、井栏草、凤尾蕨。

【识别特征】①植株高 30 ~ 45 cm。根状茎短而直立，先端被黑褐色鳞片。②叶多数，密而簇生，明显二型；不育叶柄禾秆色或暗褐色而有禾秆色的边，稍有光泽，光滑；叶片卵状长圆形，一回羽状，羽片通常 3 对，对生，斜向上，无柄，线状披针形，先端渐尖，叶缘有不整齐的尖锯齿并有软骨质的边，下部 1 ~ 2 对通常分叉，有时近羽状，顶生三叉羽片及上部羽片的基部显著下延，在叶轴两侧形成宽 3 ~ 5 mm 的狭翅（翅的下部渐狭）；能育叶有较长的柄，羽片 4 ～ 6 对，狭线形，仅不育部分具锯齿，余均全缘。主脉两面均隆起，禾秆色，侧脉明显，稀疏，叶轴禾秆色，稍有光泽。

【生长环境】生长于海拔 1 000 m 以下的墙壁、井边及石灰岩缝隙或灌丛下。

【采收加工】夏、秋两季均可采集全草、根部。采后除去表面的泥土，洗净，晒干即可。

【化学成分】含蕨素 B、C、F、O、S，蕨素 C-3-O-葡萄糖甙、2β，15α-二羟基 - 对映 -16 - 贝壳杉 - 烯、2β，16α - 二羟基 - 对映 - 贝壳杉烷、大叶凤尾甙 A、B 等。

【性　　味】淡、微苦，凉。

【功能主治】清热利湿，解毒止痢，凉血止血。用于痢疾，胃肠炎，肝炎，泌尿系感染，感冒发烧，咽喉肿痛，带下病，崩漏，农药中毒；外用治外伤出血，烧烫伤。

◎ 中国蕨科

野 鸡 尾

【基　　源】中国蕨科植物野鸡尾 *Onychium japonicum* (Thunb.) Kze. 的全草。

【药材名称】野鸡尾。

【别　　名】野雉尾金粉蕨。

【识别特征】①植株高 60 cm 左右。根状茎疏被鳞片，鳞片棕色或红棕色，披针形。②叶散生；叶柄基部褐棕色，向上禾秆色，光滑；卵状三角形或卵状披针形，渐尖头，四回羽状细裂；羽片 12 ~ 15 对，互生，基部一对最大，长圆披针形或三角状披针形，先端渐尖，并具羽裂尾头，三回羽裂；各回小羽片彼此接近，均为上先出，照例基部一对最大；末回能育小羽片或裂片线状披针形，有不育的急尖头；末回不育裂片短而狭，线形或短披针形，短尖头。③孢子囊群盖线形或短长圆形，膜质，灰白色，全缘。

【生长环境】生长于海拔 50 ~ 2 200 m 的林下沟边或溪边石上。

【采收加工】秋季采收，洗净泥沙，晒干。

【化学成分】含山柰酚 -3, 7- 二鼠李糖甙、蕨素、菊苣酸、野鸡尾二萜醇 C 等。

【性味归经】苦，寒。归心、肝、肺、胃经。

【功能主治】清热解毒，止血，利湿。用于流行性感冒，咳嗽，肝炎，尿路感染，过敏性皮炎，外伤出血，烫烧伤，食物中毒和药物中毒。

◎ 裸子蕨科

凤 丫 蕨

【基　　源】裸子蕨科植物凤丫蕨 *Coniogra mme japonica* (Thunb.) Diels 的根茎或全草。

【药材名称】散血莲。

【别　　名】活血莲、眉风草、凤丫蕨、凤丫草、羊角草。

【识别特征】①植株高 60 ~ 120 cm。②叶柄禾秆色或栗褐色，基部以上光滑；叶片和叶柄等长或稍长，长圆三角形，二回羽状；羽片基部一对最大，卵圆三角形；侧生小羽片 1 ~ 3 对，披针形，顶生小羽片远较侧生的为大，阔披针形，长渐尖头，通常向基部略变狭，基部不对称的楔形或叉裂；叶脉网状，在羽轴两侧形成 2 ~ 3 行狭长网眼，网眼外的小脉分离，小脉顶端有纺锤形水囊，不到锯齿基部。③孢子囊群沿叶脉分布，几达叶边。

【生长环境】生长于海拔 100 ~ 1 300 m 的湿润林下和山谷阴湿处。

【采收加工】全年或秋季采收，洗净，鲜用或晒干。

【化学成分】含蕨素 D、表蕨素、β-谷甾醇、棕榈酸 β-谷甾醇酯、β-谷甾醇 -D- 葡萄糖甙、环鸦片甾烯醇。

【性味归经】微辛、微苦，寒，凉。归肝经。

【功能主治】祛风除湿，散血止痛，清热解毒。用于风湿关节痛，瘀血腹痛，闭经，跌打损伤，目赤肿痛，乳痈，各种肿毒初起。

铁 角 蕨

【基　　源】铁角蕨科植物铁角蕨 Asplenium trichomanes L. Sp. 的全草。

【药材名称】铁角蕨。

【别　　名】瓜子莲、篦子草、蜈蚣草。

【识别特征】①植株高 10 ~ 30 cm。根状茎短而直立，密被鳞片；鳞片线状披针形，黑色，有光泽。②叶多数，密集簇生；叶柄栗褐色，有光泽，基部密被与根状茎上同样的鳞片；叶片长线形，长渐尖头，基部略变狭，一回羽状；羽片约20～30对，基部的对生，向上对生或互生；中部各对羽片相距4～8mm，彼此疏离，下部羽片向下逐渐远离并缩小，形状多种，卵形、圆形、扇形、三角形或耳形。叶脉羽状，纤细，两面均不明显；叶纸质。③孢子囊群阔线形，黄棕色，通常生长于上侧小脉，每羽片有4～8枚，位于主脉与叶边之间，不达叶边；囊群盖阔线形，灰白色，后变棕色，膜质。

【生长环境】生长于海拔400～3 400 m的林下山谷中的岩石上或石缝中。

【采收加工】夏、秋季采集全草，鲜用或晒干备用。

【化学成分】含三萜类、黄酮类成分：如山柰酚-3，7-二鼠李糖甙、山柰酚-3-O-α-L-鼠李糖-7-O-α-L-阿拉伯糖甙、山柰酚-3-O-α-L-阿拉伯糖-7-O-α-L-鼠李糖甙、芸香甙。还含酚酸化合物：如儿茶酚、没食子酸、焦性没食子酚等。

【性味归经】淡，凉。归心、脾经。

【功能主治】清热解毒，收敛止血。 用于小儿高热惊风，阴虚盗汗，痢疾，月经不调，带下病，淋浊，胃溃疡，烧烫伤，疮疖肿毒，外伤出血。

贯 众

【基　　源】鳞毛蕨科植物贯众 *Cyrtomium fortunei* J. Sm. 的根茎。

【药材名称】贯众。

【别　　名】管仲。

【识别特征】①植株密被棕色鳞片。②叶簇生，叶柄禾秆色，密生深棕色鳞片；叶片矩圆披针形，先端钝，基部不变狭，奇数一回羽状；侧生羽片7～16 对，互生，近平伸，柄极短，披针形，多少上弯成镰状，先端渐尖少数成尾状，基部偏斜、上侧近截形有时略有钝的耳状凸、下侧楔形，边缘全缘有时有前倾的小齿；具羽状脉，小脉联结成2～3 行网眼，腹面不明显，背面微凸起；顶生羽片狭卵形，下部有时有1 或2 个浅裂片；叶为纸质，两面光滑。③孢子囊群遍布羽片背面；囊群盖圆形，盾状，全缘。

【生长环境】生长于海拔2 400 m 以下的空旷地石灰岩缝或林下。

【采收加工】秋季采挖，削去叶柄，须根，除去泥沙，晒干。

【化学成分】含贯众苷，异槲皮苷，紫云英苷，贯众素等。

【性味归经】苦、涩，寒。归肝、肺、大肠经。

【功能主治】清热解毒，凉血祛瘀，驱虫。用于感冒，热病斑疹，白喉，乳痈，瘰疬，痢疾，黄疸，吐血，便血，崩漏，痔血，带下，跌打损伤，肠道寄生虫。

肾 蕨

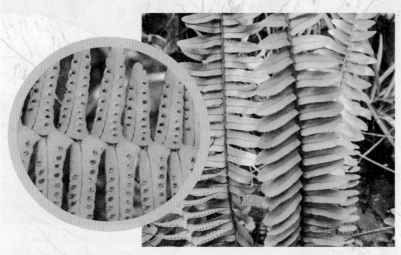

【基　　源】肾蕨科植物肾蕨 *Nephrolepis auriculata* (L.) Trimen 的全草和块茎。

【药材名称】肾蕨。

【别　　名】蜈蚣草、圆羊齿、篦子草、石黄皮。

【识别特征】①附生或土生。根状茎直立，被蓬松的淡棕色长钻形鳞片；匍匐茎上生有近圆形的块茎，密被鳞片。②叶簇生，暗褐色，略有光泽，密被淡棕色线形鳞片；叶片线状披针形或狭披针形，先端短尖，叶轴两侧被纤维状鳞片，一回羽状，羽状多数，约 45～120 对，互生，常密集而呈覆瓦状排列，披针形，先端钝圆或有时为急尖头，基部心脏形，通常不对称。③孢子囊群成 1 行位于主脉两侧，肾形。

【生长环境】土生或附生长于海拔 300 m 左右的林下、溪边、树干或石缝中。

【采收加工】全年均可采收。

【化学成分】含羊齿 -9（11）- 烯、β- 谷甾醇、里白烯、β- 谷甾醇棕榈酸酯、环鸦片甾烯醇等。

【性味归经】苦、辛，平。归肝、肾、胃、小肠经。

【功能主治】清热利湿，宁肺止咳，软坚消积。用于感冒发热，咳嗽，肺结核咯血，痢疾，急性肠炎等。

槲蕨

【基　　源】水龙骨科植物槲蕨 *Drynaria fortunei* (Knuze) J. SM. 的根茎。

【药材名称】骨碎补。

【别　　名】石岩姜。

【识别特征】①附生草本，根状茎肉质粗壮，长而横走，密被鳞片。②叶二型；营养叶厚革质，红棕色或灰褐色，卵形，无柄，边缘羽状浅裂；孢子叶绿色，具短柄，柄有翅，叶片矩圆形或长椭圆形，羽状深裂，先端急尖或钝，边缘常有不规则的浅波状齿，基部 2～3 对羽片缩成耳状，两面均无毛，叶脉显著。③孢子囊群圆形，黄褐色，在中脉两侧各排列成 2～4 行。

【生长环境】附生长于树上、山林石壁上或墙上。

【采收加工】冬、春采挖，除去叶片及泥沙，晒干或蒸熟后晒干，用火燎去毛茸。

【化学成分】含柚皮苷、环木菠萝甾醇乙酸酯、四环三萜类等。

【性味归经】苦，温。归肝、肾经。

【功能主治】补肾，活血，止血。用于肾虚久泻及腰痛，风湿痹痛，齿痛，耳鸣，跌打闪挫、骨伤，阑尾炎，斑秃，鸡眼。

◎ 苏铁科

苏 铁

【基　　源】苏铁科植物苏铁 *Cycas revoluta* Thunb. 的种子。

【药材名称】铁树果。

【别　　名】铁树、辟火蕉、凤尾蕉。

【识别特征】①树干圆柱形，有明显螺旋状排列的菱形叶柄残痕。②羽状叶从
　　　　　　茎的顶部生出，下层的向下弯，上层的斜上伸展，整个羽状叶的轮
　　　　　　廓呈倒卵状狭披针形，叶轴横切面四方状圆形，羽状裂片达100
　　　　　　对以上，条形，厚革质，坚硬，向上斜展微成"V"字形，边缘显
　　　　　　著地向下反卷，上部微渐窄，先端有刺状尖头，基部窄，两侧不对称，
　　　　　　下侧下延生长，正面深绿色有光泽，背面浅绿色，中脉显著隆起，
　　　　　　两侧有疏柔毛或无毛。③雄球花圆柱形；种子红褐色或桔红色，倒
　　　　　　卵圆形或卵圆形，稍扁。

【生长环境】各地常有栽培。

【采收加工】种子成熟时采收。

【化学成分】叶含苏铁双黄酮、扁柏双黄酮、2, 3-二氢扁柏双黄酮、穗花杉双
　　　　　　黄酮、2, 3-二氢穗花杉双黄酮等。

【性味归经】苦、涩，平，有毒。归肺、肝、大肠经。

【功能主治】清热，止血，祛痰。用于咳嗽，痢疾，跌打刀伤。

银 杏

【基　　　源】银杏科植物银杏 *Ginkgo biloba L.* 的干燥叶与成熟种子。

【药材名称】银杏叶，白果。

【别　　　名】白果树、公孙树。

【识别特征】①乔木，枝近轮生，斜上伸展。②叶扇形，有长柄，淡绿色，无毛，有多数叉状并列细脉，在短枝上常具波状缺刻，在长枝上常2裂，基部宽楔形，叶在一年生长枝上螺旋状散生，在短枝上3～8叶呈簇生状，秋季落叶前变为黄色。③球花雌雄异株，单性，雄球花葇荑花序状，下垂；种子具长梗，下垂，常为椭圆形、长倒卵形、卵圆形或近圆球形，成熟时黄色或橙黄色，外被白粉。

【生长环境】生长于海拔500～1 000 m、酸性（pH = 5～5.5）黄壤、排水良好地带的天然林中。

【采收加工】银杏叶秋季叶尚绿时采收，及时干燥。白果秋季种子成熟时采收，除去质外种皮，洗净，稍蒸或略煮后，烘干。

【化学成分】叶含黄酮类成分，如银杏双黄酮、异银杏双黄酮、去甲基银杏双黄酮、芸香甙、山奈素-3-鼠李糖葡萄糖甙、山奈素、槲皮素、异鼠李素等；另含苦味成分银杏三内酯 A, B, C、银杏新内酯 A 等。种子含银杏酸、银杏酚、银杏醇、松醇等。

【性味归经】银杏叶：甘，微寒。归肝、胃经。白果：甘、苦、涩，平，有毒。归肺、肾经。

【功能主治】银杏叶：清虚热，除疳热。用于阴虚发热，骨蒸劳热，小儿疳热。白果：敛肺定喘，止带缩尿。用于痰多喘咳，带下白浊，遗尿尿频。

◎ 柏 科

侧 柏

【基　源】柏科植物侧柏 *Platycladus orientalis* (L.) Franco 的干燥枝梢、叶与成熟种仁。

【**药材名称**】侧柏叶，柏子仁。

【**别　　名**】扁柏、香柏。

【**识别特征**】①乔木，树皮薄，浅灰褐色，纵裂成条片；枝条向上伸展或斜展，生鳞叶的小枝细，向上直展或斜展，扁平，排成一平面。②叶鳞形，先端微钝，小枝中央的叶的露出部分呈倒卵状菱形或斜方形，背面中间有条状腺槽，两侧的叶船形，先端微内曲，背部有钝脊，尖头的下方有腺点。③雄球花黄色，卵圆形，雌球花近球形，蓝绿色，被白粉。球果近卵圆形，成熟前蓝绿色，成熟后红褐色。

【**生长环境**】适应性强，在酸性、中性、石灰性和轻盐碱土壤中均可生长。

【**采收加工**】侧柏叶，多在夏、秋二季采收，阴干。柏子仁，秋、冬二季采收成熟种子，晒干，除去种皮，收集种仁。

【**化学成分**】叶含 0.26% 挥发油，黄酮类成分如柏木双黄酮、芹菜素、槲皮甙、山奈酚 -7-O- 葡萄糖甙等。

【**性味归经**】侧柏叶：苦、涩、寒。归肺、肝、脾经。柏子仁：甘、平。归心、肾、大肠经。

【**功能主治**】叶：凉血止血，化痰止咳，生发乌发。用于吐血，衄血，咯血，便血，崩漏下血，肺热咳嗽，血热脱发，须发早白。种仁：养心安神，润肠通便，止汗。用于阴血不足，虚烦失眠，心悸怔忡，肠燥便秘，阴虚盗汗。

◎ 红豆杉科

南方红豆杉

【基　　源】红豆杉科植物南方红豆杉 *Taxus chinensis* (Pilger) Rehd. var. *mairei*
(Lemee et Levl.) Cheng et L. K. Fu 的种子。

【药材名称】南方红豆杉。

【别　　名】美丽红豆杉、红榧、紫杉。

【识别特征】①乔木，树皮灰褐色、红褐色或暗褐色，裂成条片脱落；大枝开展，
一年生枝绿色或淡黄绿色，秋季变成绿黄色或淡红褐色，二、三年
生枝黄褐色、淡红褐色或灰褐色。②叶排列成两列，条形，微弯或
较直，上部微渐窄，先端常微急尖，稀急尖或渐尖，正面深绿色，
有光泽，背面淡黄绿色，有两条气孔带。③雄球花淡黄色；种子呈
卵圆形。

【生长环境】生长于海拔 1 000 ～ 1 200 m 以上的高山上部。

【采收加工】秋季种子成熟采收。

【化学成分】紫杉醇、紫杉宁等。

【性味归经】苦、辛，温。归肺、脾、胃经。

【功能主治】驱虫，消积食，抗癌。用于食积，蛔虫病。

药用植物标本采集与制作技术

◎ 杨梅科

杨　梅

【基　　源】杨梅科植物杨梅 *Myrica rubra* (Lour.) Sieb. Et Zucc. 的根、树皮及果实。

【药材名称】杨梅。

【别　　名】龙睛、朱红、白蒂梅、树梅。

【识别特征】①常绿乔木，树皮灰色，老时纵向浅裂。②叶革质，无毛，长椭圆状或楔状披针形，顶端渐尖或急尖，边缘中部以上具稀疏的锐锯齿，中部以下常为全缘，基部楔形。③花雌雄异株。雄花序单独或数条丛生长于叶腋，圆柱状，雌花通常具 4 枚卵形小苞片；核果球状，外表面具乳头状凸起，成熟时深红色或紫红色。

【生长环境】生长于海拔 125 ~ 1 500 m 的山坡或山谷林中，喜酸性土壤。

【采收加工】根及茎皮全年可采，去粗皮切片晒干备用。果夏季成熟时采，鲜用、干用或盐渍备用。

【化学成分】含蛋白质、脂肪、膳食纤维、胡萝卜素、维生素 C 及微量元素等。

【性味归经】根、树皮：苦，温。果：酸、甘，平。归肺、胃经。

【功能主治】根、树皮：散瘀止血，止痛。用于跌打损伤，骨折，痢疾，胃、十二指肠溃疡，牙痛；外用治创伤出血，烧烫伤。果：生津止渴。用于口干，食欲不振。

杜　仲

【基　　源】杜仲科植物杜仲 *Euco mmia ulmoides* Oliv. 的干燥树皮。

【药材名称】杜仲。

【别　　名】丝楝树皮、丝棉皮、棉树皮、胶树。

【识别特征】①落叶乔木，树皮灰褐色，粗糙，内含橡胶，折断拉开有多数细丝。②叶椭圆形、卵形或矩圆形，薄革质，基部圆形或阔楔形，先端渐尖；正面暗绿色，侧脉 6 ~ 9 对，与网脉在正面下陷，在背面稍突起；边缘有锯齿。③花生长于枝基部，雄花无花被；雌花单生，苞片倒卵形；翅果扁平，长椭圆形。

【生长环境】生长于海拔 300 ~ 500 m 的低山，谷地或低坡的疏林里。

【采收加工】4 ~ 6 月剥取，刮去粗皮，堆置"发汗"至内皮呈紫褐色，晒干。

【化学成分】皮含多种木脂素及其甙类成分：右旋丁香树脂酚、右旋丁香树脂酚葡萄糖甙、右旋松脂酚、右旋表松脂酚；还含环烯醚萜类成分，即桃叶珊瑚甙、杜仲甙、咖啡酸、绿原酸、绿原酸甲酯、香草酸；三萜成分即白桦脂醇、白桦脂酸、熊果酸以及多种氨基酸与微量元素；以及杜仲胶。

【性味归经】甘，温。归肝、肾经。

【功能主治】补肝肾，强筋骨，安胎。用于肝肾不足，腰膝酸痛，筋骨无力，头晕目眩，妊娠漏血，胎动不安。

◎ 桑科

桑

【基　　源】桑科植物桑 *Morns alba* L. 的干燥叶、果穗、根皮、嫩枝入药。

【药材名称】桑叶、桑椹、桑白皮。

【识别特征】①乔木或为灌木。②叶卵形或广卵形，先端急尖、渐尖或圆钝，基部圆形至浅心形，边缘锯齿粗钝，表面鲜绿色，无毛。③花单性，腋生或生长于芽鳞腋内，雄花序下垂，密被白色柔毛。④聚花果卵状椭圆形，成熟时红色或暗紫色。花期 4～5 月，果期 5～8 月。

【生长环境】原产我国中部和北部，现由东北至西南各省区，西北直至新疆均有栽培。

【采收加工】叶：初霜后采收，除去杂质，晒干。根皮：秋末叶落时至次春发芽前采挖根部，刮去黄棕色粗皮，纵向剖开，剥取根皮，晒干。枝：春末夏初采收，去叶，晒干，或趁鲜切片，晒干。果：4～6 月果实变红时采收，晒干，或略蒸后晒干。

【化学成分】叶含黄酮及黄酮苷类、生物碱、甾醇类及挥发油等。枝含黄酮类、生物碱、鞣质及有机酸等。皮含黄酮类成分：桑皮素、桑皮色烯素、环桑皮素、环桑皮色烯素、库瓦酮以及桦皮酸等。桑椹含有葡萄糖、果糖、鞣质、芸香苷、花青素苷、胡萝卜素、黏液质、矢车菊素、钙质等。

【性味归经】叶：甘、苦，寒。归肺、肝经。根皮：甘，寒。归肺经。枝：微苦，平。归肝经。果：甘、酸，寒。归心、肝、肾经。

【功能主治】叶：疏散风热，清肺润燥，清肝明目。用于风热感冒，肺热燥咳，头晕头痛，目赤昏花。根皮：泻肺平喘，利水消肿。用于肺热喘咳，水肿胀满尿少，面目肌肤浮肿。枝：祛风湿，利关节。用于肩臂、关节酸痛麻木。果：补血滋阴，生津润燥。用于眩晕耳鸣，心悸失眠，须发早白，津伤口渴，内热消渴，血虚便秘。

琴 叶 榕

【基　　源】桑科植物琴叶榕 *Ficus pandurata* Hance 的根或叶。

【药材名称】琴叶榕。

【别　　名】牛奶子树、鼠奶子、奶汁树、骨风木。

【识别特征】①小灌木，小枝、嫩叶幼时被白色柔毛。②叶纸质，提琴形或倒卵形，先端急尖有短尖，基部圆形至宽楔形，中部缢缩，表面无毛，背面叶脉有疏毛和小瘤点，基生侧脉2，侧脉3~5对。③榕果单生叶腋，鲜红色，椭圆形或球形，顶部脐状突起。

【生长环境】生长于山地，旷野或灌丛林下。

【采收加工】全年采收。

【性　　味】甘、辛，温。

【功能主治】行气活血，舒筋活络，调经。用于腰背酸痛，跌打损伤，乳痈，痛经，疟疾。

构 树

【基　　源】桑科植物构树 *Broussonetia papyrifera* (Linn.) L'Hér. ex Vent. 的种子、叶、皮。

【药材名称】构树。

【别　　名】构乳树、楮树、楮实子、假杨梅。

【识别特征】①乔木，树皮暗灰色；小枝密生柔毛。②叶螺旋状排列，广卵形至长椭圆状卵形，先端渐尖，基部心形，两侧常不相等，边缘具粗锯齿，不分裂或3～5裂，表面粗糙，疏生糙毛，背面密被绒毛，基生叶脉三出，侧脉6～7对。③花雌雄异株；雄花序为柔荑花序，雌花序球形头状；聚花果成熟时橙红色，肉质。

【生长环境】产我国南北各地。

【采收加工】种子、叶夏季采收，皮全年采收。

【化学成分】果实含28-去甲齐墩果酮酸、苏合香素（即桂皮酸桂皮醇酯）、左旋肉桂酸龙脑酯、环氧苏合香素、异环氧苏合香素、氧化丁香烯、白桦脂酮酸等。

【性　　味】种子：甘、寒；叶：甘、凉；皮：甘、平。

【功能主治】种子：补肾，强筋骨，明目，利尿。用于腰膝酸软，肾虚目昏，阳痿，水肿。叶：清热，凉血，利湿，杀虫。用于鼻衄，肠炎，痢疾。皮：利尿消肿，祛风湿。用于水肿，筋骨酸痛；外用治神经性皮炎及癣症。

薜荔

【基　　源】桑科植物薜荔 *Ficus pumila* Linn. 的藤叶。

【药材名称】薜荔。

【别　　名】石莲、石龙藤、石壁藤、凉粉藤。

【识别特征】①攀援或匍匐灌木，叶两型，不结
果枝节上生不定根。②叶卵状心形，
薄革质，基部稍不对称，尖端渐尖，
叶柄很短；结果枝上无不定根，革
质，卵状椭圆形，先端急尖至钝形，
基部圆形至浅心形，全缘，正面无
毛，背面被黄褐色柔毛，网脉3～4
对。③榕果单生叶腋，瘿花果梨形，
雌花果近球形，顶部截平，成熟黄绿色或微红；瘦果近球形，有黏液。

【生长环境】生长于旷野树上或村边残墙破壁上或石灰岩山坡上。

【采收加工】全年采收。

【化学成分】叶含脱肠草素、香柑内酯、芸香甙、β-谷甾醇等。

【性　　味】酸，平。

【功能主治】祛风，利湿，活血，解毒。用于风湿痹痛，泻痢，淋病，跌打损伤，
痈肿疮疖。

药用植物标本采集与制作技术

无花果

【基　　源】桑科植物无花果 *Ficus carica* Linn. 的果实。

【药材名称】无花果。

【别　　名】映日果、奶浆果、蜜果、树地瓜。

【识别特征】①落叶灌木，多分枝；树皮灰褐色，皮孔明显；小枝直立，粗壮。
②叶互生，厚纸质，广卵圆形，长宽近相等，通常3～5裂，小
裂片卵形，边缘具不规则钝齿，表面粗糙，背面密生细小钟乳体及
灰色短柔毛，基部浅心形，基生侧脉3～5条，侧脉5～7对。
③雌雄异株；榕果单生叶腋，大而
梨形，顶部下陷，成熟时紫红色或
黄色。

【生长环境】南北均有栽培，新疆南部尤多。

【采收加工】夏秋果实成熟采收。

【化学成分】含有机酸类，有枸橼酸、延胡索酸、
B 族维生素以及多种氨基酸等。

【性味归经】甘，凉。归肺、胃、大肠经。

【功能主治】健胃清肠，消肿解毒。用于肠炎，痢疾，便秘，痔疮，喉痛，痈
疮疥癣，利咽喉，开胃驱虫。

◎ 荨麻科

糯　米　团

【基　　源】荨麻科植物糯米团 *Memorialis hirta* (Blume) Wedd. 的根或茎、叶。

【药材名称】糯米团。

【别　　名】糯米草、糯米藤、糯米条、红石藤。

【识别特征】①多年生草本，茎蔓生、铺地或渐升，不分枝或分枝，上部带四棱形，有短柔毛。②叶对生；叶片草质或纸质，宽披针形至狭披针形、狭卵形、稀卵形或椭圆形，顶端长渐尖至短渐尖，基部浅心形或圆形，边缘全缘，正面稍粗糙，基出脉 3～5 条。③团伞花序腋生，通常两性，有时单性，雌雄异株，花被片 5，倒披针形；瘦果卵球形，白色或黑色，有光泽。

【生长环境】生长于海拔 100～1 000 m 的丘陵或低山林、灌丛中，沟边草地。

【采收加工】秋季采根，洗净晒干或碾粉；茎叶随时可采。

【化学成分】含异鼠李素及其苷、山柰酚及其苷、槲皮素及其苷等。

【性　　味】淡，平。

【功能主治】健脾消食，清热利湿，解毒消肿。用于消化不良，食积胃痛，带下病；外用治血管神经性水肿，疔疮疖肿，乳腺炎，跌打肿痛，外伤出血。

苎 麻

【基　　源】荨麻科植物苎麻 *Boehmeria nivea* (L.) Gaud. 的根。

【药材名称】苎麻根。

【别　　名】家苎麻、野麻、白麻、园麻、青麻。

【识别特征】①亚灌木或灌木，茎上部与叶柄均密被开展的长硬毛和近开展和贴伏的短糙毛。②叶互生，草质，圆卵形或宽卵形，顶端骤尖，基部近截形或宽楔形，边缘在基部之上有牙齿，正面稍粗糙，疏被短伏毛，背面密被雪白色毡毛，侧脉约 3 对。③圆锥花序腋生，或植株上部的为雌性，其下的为雄性，或同一植株的全为雌性；瘦果近球形。

【生长环境】生长于海拔 200 ~ 1 700 m 的山谷林边或草坡。

【采收加工】冬春季采挖，洗净，晒干。

【化学成分】根含绿原酸，叶含芸香甙野漆树甙、叶黄素等。

【性味归经】甘，寒。归肝、心、膀胱经。

【功能主治】清热利尿，安胎止血，解毒。用于感冒发热，麻疹高烧，尿路感染，肾炎水肿，孕妇腹痛，胎动不安，先兆流产，跌打损伤，骨折，疮疡肿痛，出血性疾病。

楼 梯 草

【基　　源】荨麻科植物楼梯草 *Elatostema involucratum* Franch. et sav. 的全草。

【药材名称】楼梯草。

【别　　名】半边伞、养血草、冷草、鹿角七、上天梯。

【识别特征】①多年生草本。茎肉质，不分枝或有 1 分枝，无毛。②叶无柄或
　　　　　　近无柄；叶片草质，斜倒披针状长圆形或斜长圆形，有时稍镰状弯
　　　　　　曲，顶端骤尖，基部在狭侧楔形，在宽侧圆形或浅心形，边缘在基
　　　　　　部之上有较多牙齿，正面有少数短糙伏毛，背面无毛或沿脉有短毛，
　　　　　　钟乳体明显，叶脉羽状，侧脉每侧 5 ~ 8 条。③花序雌雄同株或异株，
　　　　　　瘦果卵球形。

【生长环境】生长于海拔 200 ~ 2 000 m 的山谷沟边石上、林中或灌丛中。

【采收加工】夏季采收。

【性味归经】微苦，平。归肝、大肠经。

【功能主治】清热除湿，活血散瘀，解毒消肿，利水消肿。用于湿热为患所致
　　　　　　的腹痛，风湿性关节炎，痢疾，黄疸，风湿疼痛，骨折，痈疖肿毒，
　　　　　　全身水肿，小便不利等。

药用植物标本采集与制作技术

悬铃叶苎麻

【基　　源】荨麻科植物悬铃叶苎麻 *Boehmeria tricuspis* (Hance) makino 的全草。

【药材名称】八角麻。

【别　　名】八角麻、野苎麻、方麻、龟叶麻、山麻。

【识别特征】①亚灌木或多年生草本，中部以上与叶柄和花序轴密被短毛。
②叶对生，叶片纸质，扁五角形或扁圆卵形，茎上部叶常为卵形，
顶部三骤尖或三浅裂，基部截形、浅心形或宽楔形，边缘有粗牙齿，
正面粗糙，有糙伏毛，背面密被短柔毛，侧脉 2 对。③穗状花序
单生叶腋，或同一植株的全为雌性，或茎上部的雌性，其下的为雄
性；雄花：花被片 4，椭圆形，下部合生，外面上部疏被短毛，雄
蕊 4。雌花：花被椭圆形，外面有密柔毛，果期呈楔形至倒卵状菱形。

【生长环境】生长于海拔 500 ~ 1 400 m 的低山山谷疏林下、沟边或田边。

【化学成分】根含花生酸、山萮酸、B- 谷甾醇、棕榈酸、硬脂酸、B- 谷甾醇 -B-D-
葡萄糖甙、大黄素甲醚、大黄素、熊果酸，另含无色矢车菊素、槲
皮素、咖啡酸、对香豆酸。

【性味归经】淡，平。归肺、大肠、脾、胃经。

【功能主治】清热解毒，祛风除湿。用于痹证，肠痈，血瘀经闭，腹痛，荨麻疹，
皮肤瘙痒，湿疹等症。

何 首 乌

【基　　源】蓼科植物何首乌 *Polygonum multiflorum* Thunb. 的干燥块根。

【药材名称】何首乌。

【别　　名】夜交藤、多花蓼、紫乌藤、九真藤。

【识别特征】①多年生草本。茎缠绕，多分枝，具纵棱，微粗糙，下部木质化。②叶卵形或长卵形，顶端渐尖，基部心形或近心形，两面粗糙，边缘全缘；托叶鞘膜质，偏斜，无毛。③花序圆锥状，顶生或腋生，花被5深裂，白色或淡绿色；瘦果卵形，具3棱，黑褐色，有光泽。

【生长环境】生长于山谷灌丛、山坡林下、沟边石隙，海拔200～3 000 m。

【采收加工】秋、冬二季叶枯萎时采挖，削去两端，洗净，个大的切成块，干燥。

【化学成分】含卵磷脂、大黄素、大黄酚、大黄酸、大黄素甲醚等。

【性味归经】苦、甘、涩，微温。归肝、心、肾经。

【功能主治】解毒，消痈，截疟，润肠通便。用于疮痈，瘰疬，风疹瘙痒，久疟体虚，肠燥便秘。

杠 板 归

【基　　源】蓼科植物杠板归 *Polygonum perfoliatum* L. 的干燥地上部分。

【药材名称】杠板归。

【别　　名】刺犁头、蛇不过、贯叶蓼。

【识别特征】①一年生草本。茎攀援，多分枝，具纵棱，沿棱具稀疏的倒生皮刺。②叶三角形，顶端钝或微尖，基部截形或微心形，薄纸质，正面无毛，背面沿叶脉疏生皮刺；叶柄与叶片近等长，具倒生皮刺，盾状着生长于叶片的近基部。③总状花序呈短穗状，花被5深裂，白色或淡红色；瘦果球形，黑色，有光泽。

【生长环境】生长于海拔 80 ~ 2 300 m 的田边、路旁、山谷湿地。

【采收加工】夏季开花时采割，晒干。除去杂质，略洗，切段，干燥。

【化学成分】含靛苷、水蓼素、阿魏酸、香草酸、原儿茶酸等。

【性味归经】酸，微寒。归肺、膀胱经。

【功能主治】清热解毒，利水消肿，止咳。用于咽喉肿痛，肺热咳嗽，小儿顿咳，水肿尿少，湿热泻痢，湿疹，疖肿，蛇虫咬伤。

虎 杖

【基　　源】蓼科植物虎杖 *Polygonum cuspidatum* Sieb. et Zucc. 的干燥根茎和根。

【药材名称】虎杖。

【别　　名】酸筒杆、酸桶芦、大接骨、斑庄根。

【识别特征】①多年生草本，茎直立，粗壮，空心，具明显的纵棱，具小突起，
散生红色或紫红斑点。②叶宽卵形或卵状椭圆形，近革质，顶端渐
尖，基部宽楔形、截形或近圆形，边缘全缘，两面无毛。③花单性，
雌雄异株，花序圆锥状，花被 5 深裂，淡绿色；瘦果卵形，具 3 棱，
黑褐色，有光泽。

【生长环境】生长于海拔 140～2 000 m 的山坡灌丛、山谷、路旁、田边湿地。

【采收加工】春、秋二季采挖，除去须根，洗净，趁鲜切短段或厚片，晒干。

【化学成分】含游离蒽醌及蒽醌甙，如大黄素、大黄素甲醚、大黄酚、大黄素甲醚、
白藜芦醇等。

【性味归经】微苦，微寒。归肝、胆、肺经。

【功能主治】利湿退黄，清热解毒，散瘀止痛，止咳化痰。用于湿热黄疸，淋浊，
带下，风湿痹痛，痈肿疮毒，水火烫伤，经闭，癥瘕，跌打损伤，
肺热咳嗽。

药用植物标本采集与制作技术

金 荞 麦

【基　　源】蓼科植物金荞麦 *Fagopyrum dibotrys* (D. Don) Hara 的干燥根茎。

【药材名称】金荞麦。

【别　　名】天荞麦、苦荞头、野荞麦、土荞麦。

【识别特征】①一年生草本，茎直立，上部分枝，绿色或红色，具纵棱。②叶
　　　　　　三角形或卵状三角形，顶端渐尖，基部心形，两面沿叶脉具乳头状
　　　　　　突起；下部叶具长叶柄，上部较小近无梗。③花序总状或伞房状，
　　　　　　顶生或腋生，花被5深裂，白色或淡红色；瘦果卵形，具3锐棱，
　　　　　　顶端渐尖，暗褐色，无光泽。

【生长环境】生长于荒地、路边。

【采收加工】秋冬季节地上茎叶枯萎时采挖。

【化学成分】含双聚原矢车菊素、海柯皂甙元、β-谷甾醇、左旋表儿茶精、
　　　　　　原矢车菊素等。

【性味归经】微辛、涩，凉。归肺经。

【功能主治】清热解毒，排脓祛瘀。用于肺痈吐脓，肺热喘咳，乳蛾肿痛。

羊蹄

【基　　源】蓼科植物羊蹄 *Rumex japonicus* Houtt. 的干燥根。

【药材名称】羊蹄。

【别　　名】土大黄。

【识别特征】①多年生草本，茎直立，上部分枝，具沟槽。②基生叶长圆形或披针状长圆形，顶端急尖，基部圆形或心，边缘微波状，背面沿叶脉具小突起；茎上部叶狭长圆形。③花序圆锥状，花两性，多花轮生；花被片6，淡绿色，瘦果宽卵形，具3锐棱，暗褐色，有光泽。

【生长环境】生长于海拔 30～3 400 m 的田边路旁、河滩、沟边湿地。

【采收加工】春、秋季采挖，洗净、切片，晒干。

【化学成分】含有结合及游离的大黄素、大黄素甲醚、大黄酚、酸模素等。

【性味归经】苦、酸，寒。归心、肝、大肠经。

【功能主治】清热解毒，止血，通便，杀虫。用于鼻出血，功能性子宫出血，血小板减少性紫癜，慢性肝炎，肛门周围炎，大便秘结；外用治外痔，急性乳腺炎，黄水疮，疖肿，皮癣。

金 线 草

【基　　源】蓼科植物金线草 *Rubia membranacea* Diels. 的全草。

【药材名称】金线草。

【别　　名】一串红、蓼子七、大蓼子、九节风 、大叶辣蓼。

【识别特征】①多年生草本，茎直立，具糙伏毛，有纵沟，节部膨大。②叶椭
圆形或长椭圆形，顶端短渐尖或急尖，基部楔形，全缘，两面均具
糙伏毛。③总状花序呈穗状，顶生或腋生，花序轴延伸，花排列稀疏，
花被 4 深裂，红色；瘦果卵形，双凸镜状，褐色，有光泽。

【生长环境】生长于海拔 100 ~ 2 500 m 的山坡林缘、山谷路旁。

【采收加工】秋季采全草，割下茎叶，分别晒干备用。

【化学成分】含鼠李黄素、3-O-β-D- 吡喃半乳糖苷 - 槲皮素、3-O-β-D-
吡喃半乳糖苷 - 鼠李黄素、3, 7- 二 -O-α-L- 吡喃鼠李糖基 -
山柰酚、豆甾醇、胡萝卜苷、谷甾醇等。

【性味归经】辛、苦，凉；小毒。归肺、肝、脾、胃经。

【功能主治】凉血止血，祛瘀止痛。用于吐血，肺结核咯血，子宫出血，淋巴
结结核，胃痛，痢疾，跌打损伤，骨折，风湿痹痛，腰痛。

萹蓄

【基　　源】蓼科植物萹蓄 *Polygonum aviculare* L. 的全草。

【药材名称】萹蓄。

【别　　名】扁竹、竹节草、乌蓼、蚂蚁草。

【识别特征】①一年生草本。茎平卧、上升或直立，自基部多分枝，具纵棱。
②叶椭圆形，狭椭圆形或披针形，顶端钝圆或急尖，基部楔形，边
缘全缘，两面无毛，背面侧脉明显；叶柄短或近无柄，基部具关节；
托叶鞘膜质，下部褐色，上部白色。③花单生或数朵簇生于叶腋，
遍布于植株；花被5深裂，花被片椭圆形，绿色，边缘白色或淡红色；
雄蕊8。瘦果卵形，具3棱。

【生长环境】生长于海拔10～4 200 m的田边路、沟边湿地。

【采收加工】夏季叶茂盛时采收，除去根及杂质，晒干。

【化学成分】含萹蓄苷、槲皮苷、咖啡酸、绿原酸、对 - 香豆酸、儿茶酚等。

【性味归经】苦，微寒。归膀胱经。

【功能主治】利尿通淋，杀虫，止痒。用于膀胱热淋，小便短赤，淋沥涩痛，
皮肤湿疹，阴痒带下。

药用植物标本采集与制作技术

◎ 商陆科

商　陆

【基　　源】商陆科植物商陆 *Phytolacca acinosa* Roxb. 或垂序商陆 *P. americana* L. 的干燥根。

【药材名称】商陆。

【别　　名】下山虎、牛大黄、水萝卜。

【识别特征】①多年生草本，全株无毛，茎直立，圆柱形，有纵沟，肉质，绿色或红紫色。②叶片薄纸质，椭圆形、长椭圆形或披针状椭圆形，顶端急尖或渐尖，基部楔形，渐狭，两面散生细小白色斑点（针晶体），背面中脉凸起。③总状花序顶生或与叶对生，圆柱状，花被片5，白色、黄绿色；浆果扁球形，熟时黑色。

【生长环境】生长于海拔 500 ～ 3 400 m 的沟谷、山坡林下、林缘路旁。

【采收加工】秋季至次春采挖，除去须根和泥沙，切成块或片，晒干或阴干。

【化学成分】含三萜皂甙、甾族化合物、生物碱、加利果酸等。

【性味归经】苦，寒；有毒。归肺、脾、肾、大肠经。

【功能主治】逐水消肿，通利二便，解毒散结。用于水肿胀满，二便不通；外治痈肿疮毒。

◎ 马齿苋科

马 齿 苋

【基　源】马齿苋科植物马齿苋 *Portulaca oleracea* L. 的全草。

【药材名称】马齿苋。

【别　名】长寿菜、马齿龙、酸苋、地马菜。

【识别特征】①一年生草本，全株无毛。茎平卧或斜倚，伏地铺散，多分枝，圆柱形，淡绿色或带暗红色。②叶互生，有时近对生，叶片扁平，肥厚，倒卵形，似马齿状，顶端圆钝或平截，基部楔形，全缘，正面暗绿色，背面淡绿色或带暗红色，中脉微隆起。③花无梗，常3～5朵簇生枝端，花瓣5，黄色，倒卵形；蒴果卵球形。

【生长环境】性喜肥沃土壤，耐旱亦耐涝，生活力强，生长于菜园、农田、路旁。

【采收加工】采收开花前10～15 cm 长的嫩枝，采收一次后隔15～20天又可采收。如此，可一直延伸到10月中下旬。生产上一般采用分期分批轮流采收。

【化学成分】全草含大量去甲肾上腺素和多量钾盐、多巴胺、甜菜素、异甜菜素、异甜菜甙等；另含的 ω_3 不饱和脂肪酸等。

【性味归经】酸，寒。归肝、大肠经。

【功能主治】清热利湿，凉血解毒。用于细菌性痢疾，急性胃肠炎，急性阑尾炎，乳腺炎，痔疮出血，带下病；外用治疗疮肿毒，湿疹、带状疱疹。

◎ 石竹科

孩 儿 参

【基　　源】石竹科植物孩儿参 *Pseudostellaria heterophylla* (Miq.) Pax 的干燥块根。

【药材名称】太子参。

【别　　名】异叶假繁缕、孩儿参。

【识别特征】①多年生草本，块根长纺锤形，白色，稍带灰黄。茎直立，单生，被 2 列短毛。②茎下部叶常 1～2 对，叶片倒披针形，顶端钝尖，基部渐狭呈长柄状，上部叶 2～3 对，叶片宽卵形或菱状卵形，顶端渐尖，基部渐狭，正面无毛，背面沿脉疏生柔毛。③开花受精花 1～3 朵，腋生或呈聚伞花序，花瓣 5，白色；蒴果宽卵形。

【生长环境】生长于海拔 800～2 700 m 的山谷林下阴湿处。

【采收加工】夏季茎叶大部分枯萎时采挖，洗净，除去须根，置沸水中略烫后晒干或直接晒干。

【化学成分】太子参皂苷 A、尖叶丝石竹皂苷 D、氨基酸、太子参多糖及多种微量元素等。

【性味归经】甘、微苦，微温。归脾、肺经。

【功能主治】益气健脾，生津润肺。用于脾虚体倦，食欲不振，病后虚弱，气阴不足，自汗口渴，肺燥干咳。

瞿　麦

【基　　源】石竹科植物瞿麦 *Dianthus superbus* L. 或石竹 *D. chinensis* L. 的干燥地上部分。

【药材名称】瞿麦。

【别　　名】野麦、石竹子花、十样景花。

【识别特征】①多年生草本，茎丛生，直立，绿色，无毛，上部分枝。②叶片线状披针形，顶端锐尖，中脉特显，基部合生成鞘状，绿色。③花1或2朵生枝端，花瓣淡红色或带紫色，稀白色，喉部具丝毛状鳞片；蒴果圆筒形。

【生长环境】生长于海拔400～700 m丘陵山地疏林下、林缘、草甸、沟谷溪边。

【采收加工】夏、秋二季花果期采割，除去杂质，干燥。

【化学成分】含黄酮类化合物，如花色甙等。

【性味归经】苦，寒。归心、小肠经。

【功能主治】利尿通淋，破血通经。用于热淋，血淋，石淋，小便不通，淋沥涩痛，月经闭止。

石 竹

【基　　源】石竹科植物石竹 *Dianthus chinensis* L. 的干燥地上部分。

【药材名称】瞿麦。

【别　　名】洛阳花、石柱花。

【识别特征】①多年生草本，全株无毛，带粉绿色。茎疏丛生，直立，上部分枝。②叶片线状披针形，顶端渐尖，基部稍狭，全缘或有细小齿，中脉较显。③花单生枝端或数花集成聚伞花序，花萼圆筒形，花瓣瓣片倒卵状三角形，紫红色、粉红色、鲜红色或白色，顶缘不整齐齿裂，喉部有斑纹；蒴果圆筒形。

【生长环境】生长于草原和山坡草地。

【采收加工】夏、秋二季花果期采割，除去杂质，干燥。

【化学成分】全草含皂苷、挥发油，油中主要为丁香酚、苯乙醇等。

【性味归经】苦，寒。归心、小肠经。

【功能主治】利尿通淋，破血通经。用于尿路感染，热淋，尿血，妇女经闭，疮毒，湿疹。

漆 姑 草

【基　　源】石竹科植物漆姑草 *Sagina japonica* (Sw.) Ohwi 的全草。

【药材名称】漆姑草。

【别　　名】瓜槌草、珍珠草、羊儿草、地松。

【识别特征】①一年生小草本，高5～20cm，茎丛生，稍铺散。②叶片线形，顶端急尖，无毛。③花小形，单生枝端；花瓣5，白色，顶端圆钝，全缘。④蒴果卵圆形，种子细，圆肾形，褐色。花期3～5月，果期5～6月。

【生长环境】生长于海拔600～1900m（在西南可上升至3800～4000m）间河岸沙质地、撂荒地或路旁草地。

【采收加工】夏秋采集，晒干。

【化学成分】全草含挥发油、皂甙和黄酮等成分。

【性味归经】苦，凉。归肝、胃经。

【功能主治】散结消肿，解毒止痒。用于白血病，漆疮，痈肿，瘰疬，龋齿病。

◎ 藜科

土 荆 芥

【基　　源】藜科植物土荆芥 Chenopodium ambrosioides L. 的全草。

【药材名称】土荆芥。

【别　　名】鹅脚草、臭草、杀虫芥。

【识别特征】①一年生或多年生草本，有强烈香味。茎直立，多分枝，有色条及钝条棱；枝通常细瘦，有短柔毛并兼有具节的长柔毛。②叶片矩圆状披针形至披针形，先端急尖或渐尖，边缘具稀疏不整齐的大锯齿，基部渐狭具短柄，正面平滑无毛，背面有散生油点并沿叶脉稍有毛。③花两性及雌性，花被裂片 5，绿色；胞果扁球形。

【生长环境】生长于村旁、路边、河岸等处。

【采收加工】播种当年 8～9 月果实成熟时，割取全草，放通风处阴干。

【化学成分】全草含挥发油（土荆芥油）0.4%～1.0%。油中主要成分为驱蛔素、对聚伞花素等。

【性味归经】辛，温；有毒。归脾经。

【功能主治】祛风除湿，杀虫，止痒。用于蛔虫病，钩虫病，蛲虫病；外用治皮肤湿疹，瘙痒，并杀蛆虫。

◎ 苋科

土 牛 膝

【基　源】苋科植物土牛膝 *Achyranthes aspera* L. 的根或根茎。

【药材名称】土牛膝。

【别　名】野牛膝。

【识别特征】①多年生草本，茎四棱形，有柔毛，节部稍膨大，分枝对生。
②叶片纸质，宽卵状倒卵形或椭圆状矩圆形，顶端圆钝，具突尖，
基部楔形或圆形，全缘或波状缘，两面密生柔毛，或近无毛。③穗
状花序顶生，直立，总花梗具棱角，粗壮，坚硬，密生白色伏贴或
开展柔毛；花疏生；胞果卵形。

【生长环境】生长于山坡疏林或村庄附近空旷地，海拔 800 ~ 2 300 m。

【采收加工】夏、秋采收，除去茎叶，将根晒干，即为土牛膝。若将全草晒干
则为倒扣草。

【化学成分】根含皂甙，甙元为齐墩果酸，并含昆虫变态激素蜕皮甾酮。

【性味归经】苦、酸，平。归肝、肾经。

【功能主治】清热，解毒，利尿。用于感冒发热，扁桃体炎，白喉，流行性腮腺炎，
疟疾，风湿性关节炎，泌尿系结石，肾炎水肿。

柳 叶 牛 膝

【基　　源】苋科植物柳叶牛膝 *Achyranthes longifolia m.* 的根。

【药材名称】柳叶牛膝。

【别　　名】山牛膝、剪刀牛膝。

【识别特征】①多年生草本，茎有棱角或四方形，绿色或带紫色，有白色贴生或开展柔毛，分枝对生。②叶片披针形或宽披针形，顶端尾尖。③穗状花序顶生及腋生，总花梗有白色柔毛，花多数，密生；胞果矩圆形，黄褐色，光滑。

【生长环境】生长于山坡林下，海拔 200 ~ 1 750 m。

【采收加工】秋冬两季挖取根茎，洗净，晒干。

【化学成分】全草含蜕皮甾酮、牛膝甾酮以及总皂甙类成分等。

【性味归经】苦、酸，平。归心、肝、大肠经。

【功能主治】活血散瘀，祛风除湿，清热解毒，利尿。用于淋病，尿血，妇女经闭，症瘕，风湿关节痛，脚气，水肿，痢疾，疟疾，白喉，痈肿，跌打损伤。

千 日 红

【基　　　源】苋科植物千日红 *Gomphrena globosa* L. 的干燥花序。

【药材名称】千日红。

【别　　　名】圆仔花、百日红、火球花。

【识别特征】①一年生直立草本，茎粗壮，有分枝，枝略成四棱形，有灰色糙毛。
②叶片纸质，长椭圆形或矩圆状倒卵形，顶端急尖或圆钝，凸尖，
基部渐狭，边缘波状，两面有小斑点、白色长柔毛及缘毛。③花多数，
密生，成顶生球形或矩圆形头状花序，常紫红色；胞果近球形。

【生长环境】我国南北各省均有栽培。

【采收加工】夏、秋采摘花序，晒干。

【化学成份】含千日红甙Ⅰ、Ⅱ、Ⅲ、Ⅴ、Ⅵ、苋菜红甙、异苋菜红甙。

【性味归经】甘，平。归肺、肝经。

【功能主治】止咳平喘，平肝明目。用于支气管哮喘，急、慢性支气管炎，百日咳，
头晕等。

药用植物标本采集与制作技术

鸡 冠 花

【基　　源】苋科植物鸡冠花 *Celosia cristata* L. 的干燥花序。

【药材名称】鸡冠花。

【别　　名】鸡髻花、老来红、芦花鸡冠。

【识别特征】①一年生草本，茎直立粗壮。②叶互生，长卵形或卵状披针形，全缘。
　　　　　　③肉穗状花序顶生，呈扇形、肾形、扁球形等，花有白、淡黄、金黄、
　　　　　　淡红、火红、紫红、棕红、橙红等色。胞果卵形，种子黑色有光泽。

【生长环境】各地均有栽培，广布于温暖地区。

【采收加工】秋季花盛开时采收，晒干。

【化学成分】含山奈苷、苋菜红苷、松醇；红色花含苋菜红素。

【性味归经】甘、涩，凉。归肝、大肠经。

【功能主治】收敛止血，止带，止痢。　用于吐血，崩漏，便血，痔血，赤白带
　　　　　　下，久痢不止。

◎ 木兰科

厚　朴

【基　　源】木兰科植物厚朴 *Magnolia officinalis* Rehd. et Wils. 的干燥干皮、根
　　　　　　皮及枝皮。

【药材名称】厚朴。

【别　　名】紫朴、紫油朴、温朴、油朴。

【识别特征】①落叶乔木，树皮厚，褐色，不开裂；小枝粗壮，淡黄色或灰黄色。②叶大，近革质，7～9片聚生长于枝端，长圆状倒卵形，先端具短急尖或圆钝，基部楔形，全缘而微波状，正面绿色，无毛，背面灰绿色，被灰色柔毛，有白粉。③花白色，芳香；花被片9～12（17），厚肉质，外轮3片淡绿色，长圆状倒卵形；聚合果长圆状卵圆形。

【生长环境】生长于海拔300～1 500 m的山地林间。

【采收加工】4～6月剥取，根皮及枝皮直接阴干；干皮置沸水中微煮后，堆置阴湿处，"发汗"至内表面变紫褐色或棕褐色时，蒸软，取出，卷成筒状，干燥。

【化学成分】树皮含木脂体类化合物：厚朴酚、和厚朴酚和厚朴新酚。

【性味归经】苦、辛，温。归脾、胃、肺、大肠经。

【功能主治】燥湿消痰，下气除满。用于湿滞伤中，脘痞吐泻，食积气滞，腹胀便秘，痰饮喘咳。

73　药用植物标本采集与制作技术

凹叶厚朴

【基　　源】木兰科植物凹叶厚朴 *Magnolia officinalis* Rehd. et Wils. var. biloba Rehd. et Wils. 的干燥干皮、根皮及枝皮。

【药材名称】厚朴。

【别　　名】紫朴、紫油朴、温朴、油朴。

【识别特征】本亚种与原亚种 *magnolia Subsp. officinalis Rehd. et Wils.* 二不同之处在于叶先端凹缺，成 2 钝圆的浅裂片，但幼苗之叶先端钝圆，并不凹缺；聚合果基部较窄。花期 4～5 月，果期 10 月。

【生长环境】生长于海拔 300～1 500 m 的山地林间。

【采收加工】4～6 月剥取，根皮及枝皮直接阴干；干皮置沸水中微煮后，堆置阴湿处，"发汗"至内表面变紫褐色或棕褐色时，蒸软，取出，卷成筒状，干燥。

【性味归经】苦、辛，温。归脾、胃、肺、大肠经。

【功能主治】燥湿消痰，下气除满。用于湿滞伤中，脘痞吐泻，食积气滞，腹胀便秘，痰饮喘咳。

华中五味子

【基　　源】木兰科植物华中五味子 *Schisandra sphenanthera* Rehd. et Wils. 的干燥成熟果实。

【药材名称】南五味子。

【别　　名】红铃子、小血藤、长梗南五味子。

【识别特征】①藤本,各部无毛。②叶长圆状披针形、倒卵状披针形或卵状长圆形,先端渐尖或尖,基部狭楔形或宽楔形,边有疏齿,侧脉每边 5 ~ 7条;正面具淡褐色透明腺点。③花单生长于叶腋,雌雄异株;聚合果球形,小浆果倒卵圆形,外果皮薄革质。

【生长环境】生长于海拔 1 000 m 以下的山坡、林中。

【采收加工】秋季果实成熟时采摘,晒干或蒸后晒干,除去果梗及杂质。

【化学成分】含多种木脂素类成分,如五味子甲素 A、五味子酯 A ~ E 等。

【性味归经】酸、甘,温。归肺、心、肾经。

【功能主治】收敛固涩,益气生津,补肾宁心。用于久嗽虚喘,梦遗滑精,遗尿尿频,久泻不止,自汗,盗汗,津伤口渴,短气脉虚,内热消渴,心悸失眠。

药用植物标本采集与制作技术

玉 兰

【基　源】木兰科植物玉兰 *Magnolia denudata* Desr. 的花蕾。

【药材名称】辛夷。

【别　名】紫玉兰、木笔花、毛辛夷。

【识别特征】①落叶乔木，树皮深灰色，粗糙开裂；小枝稍粗壮，灰褐色。
②叶纸质，倒卵形、宽倒卵形或、倒卵状椭圆形，基部徒长枝叶椭
圆形，先端宽圆、平截，具短突尖，中部以下渐狭成楔形，叶上深
绿色，背面淡绿色，沿脉上被柔毛，侧脉每边8～10条，网脉明显。
③花蕾卵圆形，直立，芳香，花被片9片，白色，基部常带粉红色；
聚合果圆柱形。

【生长环境】生长于海拔 500～1 000 m 的林中。

【采收加工】春夏之际，花完全盛开之前采收，洗净晒干。

【化学成分】花蕾含挥发油3.4%，其中主要成分为 β-蒎烯、1, 8-桉叶素
及樟脑。

【性味归经】辛，温。归肺、胃经。

【功能主治】散风寒，通鼻窍。用于风寒头痛，鼻塞，鼻渊，鼻流浊涕。

鹅掌楸

【基　　源】木兰科植物鹅掌楸 *Liriodendron chinense* (Hemsl.) Sarg. 的根及树皮。

【药材名称】鹅掌楸。

【别　　名】马褂木、双飘树。

【识别特征】①乔木，小枝灰色或灰褐色。②叶马褂状，近基部每边具1侧裂片，先端具2浅裂，背面苍白色。③花杯状，花被片9，外轮3片绿色；聚合果，具翅的小坚果顶端钝或钝尖，具种子1～2颗。

【生长环境】生长于海拔900～1 000 m的山地林中。

【采收加工】秋、冬挖取地下根茎，洗净晒干。

【化学成分】叶含土里比诺内酯、表土里比诺内酯。树皮含大牻儿内酯、广木香内酯、鹅掌楸内酯等。

【性味归经】辛，温。归肝、肾经。

【功能主治】祛风除湿，散寒止咳。用于风湿痹痛，风寒咳嗽。

山 鸡 椒

【基　　源】樟科植物山鸡椒 *Litsea cubeba* (Lour.) Pers. 的根、叶。

【药材名称】山苍子。

【别　　名】山鸡椒、山苍树、香叶、木姜子。

【识别特征】①落叶小乔木，小枝绿色，搓之有樟脑味。②叶互生，常聚生长于枝梢，圆形至宽倒卵形，先端圆，基部圆形或楔形，纸质，嫩叶紫红绿色，老叶正面深绿色，背面粉绿色，羽状脉，侧脉每边5～6条。③伞形花序常生长于枝梢，与叶同时开放；花被裂片6，卵形或宽卵形，黄色；果球形。

【生长环境】生长于荒山、荒地、灌丛中或疏林内、林缘及路边。

【采收加工】秋季果实成熟时采收，根、叶全年可采，除去杂质，晒干。

【化学成分】叶含挥发油，如桉叶素、丁香烯、乙酸龙脑酯、柠檬烯等。

【性味归经】辛、微苦，温。归脾、胃、肾、膀胱经。

【功能主治】祛风散寒，理气止痛。根：用于胃寒呕逆，脘腹冷痛，寒疝腹痛，寒湿郁滞，小便浑浊。叶：外用治痈疖肿痛，乳腺炎，虫蛇咬伤，预防蚊虫叮咬。

山 胡 椒

【基　　源】樟科植物山胡椒 *Lindera glauca* (Sieb. et Zucc.) Bl 的成熟果实。

【药材名称】山胡椒。

【别　　名】牛荆条、油金楠、假死柴。

【识别特征】①落叶灌木或小乔木，树皮平滑，灰色或灰白色。幼枝条白黄色，初有褐色毛，后脱落成无毛。②叶互生，宽椭圆形、椭圆形、倒卵形到狭倒卵形，正面深绿色，背面淡绿色，被白色柔毛，纸质，羽状脉。③伞形花序腋生，雄花、雌花花被片黄色，椭圆形，浆果熟时黑褐色。

【生长环境】生长于海拔 900 m 左右以下山坡、林缘、路旁。

【采收加工】夏、秋采叶，秋采果，根四季可采，鲜用或晒干。

【化学成分】含挥发油，如罗勒烯、α- 及 β- 蒎烯、樟烯、龙脑等。

【性味归经】辛，温。归肺、胃经。

【功能主治】祛风活络，解毒消肿，止血止痛。用于劳伤，筋骨酸麻，食纳欠佳，肢体肿胀，痈肿初起，红肿焮痛，风湿麻痹，风热感冒，中风不语。

阴 香

【基　　源】樟科植物阴香 *Cinnamomum burmannii* (Nees) Blume. 的树皮及叶。

【药材名称】阴香。

【别　　名】小桂皮、山肉桂、山玉桂。

【识别特征】①乔木，树皮光滑，灰褐色至黑褐色，内皮红色，味似肉桂。枝条纤细，绿色或褐绿色，具纵向细条纹，无毛。②叶互生或近对生，卵圆形、长圆形至披针形，先端短渐尖，基部宽楔形，革质，正面绿色，光亮，背面粉绿色，具离基三出脉，中脉及侧脉背面十分凸起。③圆锥花序腋生或近顶生，花绿白色；果卵球形。

【生长环境】生长于海拔 100～1 400 m 的疏林、密林或灌丛中，或溪边路旁等处。

【采收加工】夏秋采收，阴干。

【化学成分】树皮含挥发油，主要成分为桂皮醛、丁香油酚、黄樟醚等。叶中的挥发油主要成分为丁香油酚和芳樟醇。

【性味归经】辛、微甘，温。归脾经。

【功能主治】祛风散寒，温中止痛。用于虚寒胃痛，腹泻，风湿关节痛；外用治跌打肿痛，疮疖肿毒，外伤出血。

檫　木

【基　　源】樟科植物檫木 *Sassafras tzumu* Hemsl. 的根、茎或叶。

【药材名称】檫木。

【别　　名】檫树、半枫樟、枫荷桂、桐梓树。

【识别特征】①落叶乔木，树皮幼时黄绿色，平滑，呈不规则纵裂。枝条粗壮，近圆柱形，多少具棱角，无毛。②叶互生，聚集于枝顶，卵形或倒卵形，先端渐尖，基部楔形，全缘或 2 ～ 3 浅裂，裂片先端略钝，坚纸质，正面绿色，背面灰绿色，两面无毛或背面尤其是沿脉网疏被短硬毛，羽状脉或离基三出脉。③花序顶生，花黄色，雌雄异株；果近球形，成熟时蓝黑色而带有白蜡粉，着生长于浅杯状的果托上。

【生长环境】生长于海拔 150 ～ 1 900 m 的疏林或密林中。

【采收加工】秋、科季挖取根部，洗净泥沙，切段，晒干。秋季，采集茎、叶，切段，晒干。

【化学成分】根中含右旋 D- 芝麻素、β- 谷甾醇、3，4- 亚甲二氧基苄基丙烯醛及挥发油。

【性味归经】辛、甘，温。归肝、脾经。

【功能主治】祛风除湿，活血散瘀，止血。用于风湿痹痛，跌打损伤，腰肌劳损，半身不遂，外伤出血。

樟

【基　　源】樟科植物樟 *Cinnamomum camphora* L. 的根、枝、叶及废材经蒸馏所得的颗粒状结晶。

【药材名称】樟脑。

【别　　名】木樟、乌樟、芳樟树、香樟。

【识别特征】①常绿大乔木，枝、叶及木材均有樟脑气味；树皮黄褐色，有不规则的纵裂；枝条圆柱形，淡褐色，无毛。②叶互生，卵状椭圆形，先端急尖，基部宽楔形至近圆形，边缘全缘，正面绿色或黄绿色，有光泽，背面黄绿色或灰绿色，晦暗，两面无毛，具离基三出脉。③圆锥花序腋生，花绿白或带黄色；果卵球形或近球形，紫黑色。

【生长环境】常生长于山坡或沟谷中，但常有人工栽培的。

【采收加工】秋冬两季挖取根，春、夏采集嫩叶，果实成熟时采摘。

【化学成分】樟木含樟脑及芳香性挥发油。

【性味归经】微辛，温。归心、脾经。

【功能主治】通窍辟秽，温中止痛，利湿杀虫。用于寒湿吐泻，胃腹疼痛；外用治疗、癣、龋齿作痛。

乌药

【基　源】樟科植物乌药 Lindera aggregata (Sims) Kosterm. 的干燥块根。

【药材名称】乌药。

【别　名】台乌药、白背树。

【识别特征】①常绿灌木或小乔木，树皮灰褐色；根有纺锤状或结节状膨胀，幼枝青绿色，具纵向细条纹，密被金黄色绢毛。②叶互生，卵形，椭圆形至近圆形，先端长渐尖或尾尖，基部圆形，革质或有时近革质，正面绿色，有光泽，背面苍白色，三出脉，背面明显凸出。③伞形花序腋生，花被片 6，近等长，外面被白色柔毛，内面无毛，黄色或黄绿色；果卵形或近圆形。

【生长环境】生长于海拔 200～1 000 m 向阳坡地、山谷或疏林灌丛中。

【采收加工】全年均可采挖，除去细根，洗净，趁鲜切片，晒干，或直接晒干。

【化学成分】主要为挥发油、异喹啉生物碱及呋喃倍半萜及其内酯等。

【性味归经】辛，温。归肺、脾、肾、膀胱经。

【功能主治】顺气止痛，温肾散寒。用于胸腹胀痛，气逆喘急，膀胱虚冷，遗尿尿频，疝气，痛经。

◎ 毛茛科

威 灵 仙

【基　　源】毛茛科植物威灵仙 *Clematis chinensis* Osbeck. 的干燥根及根茎。

【药材名称】威灵仙。

【别　　名】百条根、老虎须、铁扇扫。

【识别特征】①木质藤本，茎、小枝近无毛或疏生短柔毛。②一回羽状复叶有
　　　　　　　5 小叶，偶尔基部一对以至第二对 2 ~ 3 裂至 2 ~ 3 小叶；小叶
　　　　　　　片纸质，卵形至卵状披针形，或为线状披针形、卵圆形，顶端锐尖
　　　　　　　至渐尖，基部圆形、宽楔形至浅心形，全缘。③圆锥状聚伞花序，
　　　　　　　多花，腋生或顶生；花白色；瘦果扁，卵形。

【生长环境】生长于山坡、山谷灌丛中或沟边、路旁草丛中。

【采收加工】秋季采挖，除去泥沙，晒干。

【化学成分】根含原白头翁素、威灵仙单糖皂甙、威灵仙二糖皂甙、威灵仙三
　　　　　　　糖皂甙等。

【性味归经】辛，咸，温。归膀胱经。

【功能主治】祛风除湿，通络止痛。用于风湿痹痛，肢体麻木，筋脉拘挛，屈
　　　　　　　伸不利，骨哽咽喉。

女萎

【基　　源】毛茛科植物女萎 *Clematis apiifolia* DC. 的根、茎藤或全株。

【药材名称】女萎。

【别　　名】小木通、白木通、万年藤、穿山藤。

【识别特征】①藤本。小枝和花序梗、花梗密生贴伏短柔毛。②三出复叶,小叶片卵形或宽卵形,常有不明显 3 浅裂,边缘有锯齿,正面疏生贴伏短柔毛或无毛,背面通常疏生短柔毛或仅沿叶脉较密。③圆锥状聚伞花序多花,花白色;瘦果纺锤形或狭卵形,顶端渐尖,有柔毛。

【生长环境】生长于山野林边。

【采收加工】秋季采收,扎成小把,晒干。

【化学成分】根含乙酰齐墩果酸、齐墩果酸、常春藤皂甙元、豆甾醇、β-谷甾醇;花、叶含槲皮素、山柰酚等黄酮类化合物。

【性味归经】辛,温;有小毒。归肝、脾、大肠经。

【功能主治】祛风除湿,温中理气,利尿,消食。用于风湿痹证,吐泻,痢疾,腹痛肠鸣,小便不利,水肿。

药用植物标本采集与制作技术

毛　茛

【基　　源】毛茛科植物毛茛 *Ranunculus japonicus* Thunb. 的带根全草。

【药材名称】毛茛。

【别　　名】鱼疔草、鸭脚板、野芹菜、山辣椒。

【识别特征】①多年生草本，茎直立，中空，有槽，具分枝，生柔毛。②基生叶多数；叶片圆心形或五角形，基部心形或截形，通常3深裂不达基部，中裂片倒卵状楔形或宽卵圆形或菱形，3浅裂，边缘有粗齿或缺刻，侧裂片不等地2裂，两面贴生柔毛，下部叶与基生叶相似。③聚伞花序，花瓣5，倒卵状圆形；聚合果近球形。

【生长环境】生长于田沟旁和林缘路边的湿草地上，海拔200～2500 m。

【采收加工】夏秋采集，切段，鲜用或晒干用。

【化学成分】含原白头翁素及其二聚物白头翁素。

【性味归经】辛、微苦，温；有毒。归肝、胆、心、胃经。

【功能主治】利湿，消肿，止痛，退翳，截疟，杀虫。用于疟疾，黄疸，偏头痛，胃痛，风湿关节痛，鹤膝风，痈肿，恶疮，疥癣，牙痛，火眼。

天 葵

【基　　源】毛茛科植物天葵 *Semiaquilegia adoxoides* (DC.) makino 的块根。

【药材名称】天葵子。

【别　　名】夏无踪、紫背天葵、耗子屎。

【识别特征】①块根长 1～2 cm，外皮棕黑色。茎 1～5 条，被稀疏的白色柔毛，分歧。②基生叶多数，为掌状三出复叶；叶片轮廓卵圆形至肾形；小叶扇状菱形或倒卵状菱形，三深裂，深裂片又有 2～3 个小裂片，两面均无毛。茎生叶与基生叶相似，惟较小。③花小，萼片白色，常带淡紫色，狭椭圆形；花瓣匙形，顶端近截形，基部凸起呈囊状；雄蕊退化雄蕊约 2 枚。蓇葖果卵状长椭圆形。

【生长环境】生长于海拔 100～1 050 m 间的疏林下、路旁或山谷地的较阴处。

【采收加工】夏初采挖，洗净，干燥，除去须根。

【化学成分】含内酯、香豆素类：如格列风内酯、蝙蝠葛内酯等；生物碱类：如木兰碱、天葵碱、唐松草酚定等。另含木脂素类、酚酸类等。

【性味归经】甘、苦，寒。归肝、胃经。

【功能主治】清热解毒，消肿散结。用于痈肿疔疮，乳痈，瘰疬，毒蛇咬伤。

◎ 芍药科

芍 药

【基　源】芍药科植物芍药 *Paeonia lactiflora* Pall. 的根。

【药材名称】白芍。

【别　名】将离、离草。

【识别特征】①多年生草本，茎无毛。②下部茎生叶为二回三出复叶，上部茎生叶为三出复叶；小叶狭卵形，椭圆形或披针形，顶端渐尖，基部楔形或偏斜，边缘具白色骨质细齿，两面无毛，背面沿叶脉疏生短柔毛。③花数朵，生茎顶和叶腋，花瓣 9 ~ 13，倒卵形，白色，有时基部具深紫色斑块；蓇葖果。

【生长环境】在东北分布于海拔 480 ~ 700 m 的山坡草地及林下，在其他各省分布于海拔 1 000 ~ 2 300 m 的山坡草地。

【采收加工】花蕾入药，春夏之际采收未完全盛开的花，干燥。

【化学成分】含芍药苷、白芍苷、氧化芍药苷、苯甲酰芍药苷、芍药苷元酮、芍药新苷，尚含苯甲酸，没食子鞣质等。

【性味归经】酸、苦，微寒。归肝、脾经。

【功能主治】平肝止痛，养血调经，敛阴止汗。用于头痛眩晕，胁痛，腹痛，四肢挛痛，血虚萎黄，月经不调，自汗，盗汗。

狭叶十大功劳

【基　　源】小檗科植物狭叶十大功劳 *Mahonia fortunei* (Lindl.) Fedde 的茎或叶。

【药材名称】十大功劳叶、功劳木。

【别　　名】柳叶十大功劳、刺黄檗、刺黄柏、土黄柏。

【识别特征】①常绿灌木。茎杆直立，有节而多棱。②叶革质，奇数羽状复叶，每个复叶上着生 5 ~ 9 枚小叶，小叶呈长椭圆形或披针形，先端的小叶渐大，基部楔形，边缘每侧各有 6 ~ 13 枚刺状锐齿，正面为暗绿色，背面黄绿色，边缘有刺针状锯齿。③总状花序，着生在茎杆顶端的叶腋之间，花瓣 6 枚，果为小浆果，近圆形。

【生长环境】生长于山谷、林下湿地。

【采收加工】秋、冬砍茎杆挖根，晒干或炕干。叶全年可采。

【化学成分】含小檗碱、掌叶防己碱、药根碱、木兰碱等。

【性味归经】苦，寒。归肝、胃、大肠经。

【功能主治】叶：清热补虚，止咳化痰。用于肺痨咳血，骨蒸潮热，头晕耳鸣，腰酸腿软，心烦，目赤。茎：清热燥湿解毒。用于肺热咳嗽，黄疸，泄泻，痢疾，目赤肿痛，疮疡，湿疹，烫伤。

阔叶十大功劳

【基　　源】小檗科植物阔叶十大功劳 *Mahonia bealei* (Fort.) Carr. 的茎和叶。

【药材名称】十大功劳叶、功劳木。

【别　　名】大叶叶黄柏，土黄柏。

【识别特征】①灌木。②羽状复叶互生，每片复叶具有小叶 7 ～ 15 片，厚革质，广卵形至卵状椭圆形，先端渐尖成刺齿，边缘反卷，叶缘两侧各有 2 ～ 5 个刺状锯齿，叶边反卷。③总状花序粗壮，丛生长于枝顶，花瓣 6，淡黄色；浆果卵圆形，熟时蓝黑色，有白粉。

【生长环境】生长于山谷、林下湿地。

【采收加工】秋、冬砍茎杆挖根，晒干或炕干。叶全年可采。

【化学成分】含小檗碱、掌叶防己碱、药根碱、木兰碱等。

【性味归经】苦，寒。归肝、胃、大肠经。

【功能主治】叶：清热补虚，止咳化痰。用于肺痨咳血，骨蒸潮热，头晕耳鸣，腰酸腿软，心烦，目赤。茎：清热燥湿解毒。用于肺热咳嗽，黄疸，泄泻，痢疾，目赤肿痛，疮疡，湿疹，烫伤。

南 天 竹

【基　　源】小檗科植物南天竹 *Nandina domestica* Thunb. 的根、茎及果实入药。

【药材名称】南天竹。

【别　　名】红杷子、天烛子、红枸子、钻石黄。

【识别特征】①常绿小灌木。茎常丛生而少分枝，光滑无毛，幼枝常为红色，老后呈灰色。②叶互生，集生长于茎的上部，三回羽状复叶，二至三回羽片对生；小叶薄革质，椭圆形或椭圆状披针形，顶端渐尖，基部楔形，全缘，正面深绿色。③圆锥花序直立，花小，白色，具芳香；浆果球形，熟时鲜红色。

【生长环境】生长于海拔 1 200 m 以下的山地林下沟旁、路边或灌丛中。

【采收加工】根、茎全年可采，切片晒干。秋冬摘果，晒干。

【化学成分】茎、根含有南天竹碱、小檗碱；茎含原阿片碱，异南天竹碱。茎和叶含木兰碱；果实含异可利定碱、原阿片碱。

【性味归经】根、茎：苦，寒。果：苦，平。有小毒。归肺、膀胱经。

【功能主治】根、茎：清热除湿，通经活络。用于感冒发热，眼结膜炎，肺热咳嗽，湿热黄疸，急性胃肠炎，尿路感染，跌打损伤。果：止咳平喘。用于咳嗽，哮喘，百日咳。

◎ 木通科

大 血 藤

【基　　源】木通科植物大血藤 *Sargentodoxa cuneata* (Oliv.) Rehd.et Wils. 的干
　　　　　　燥藤茎。

【药材名称】大血藤。

【别　　名】血藤、红皮藤、大活血、五花血藤、红藤、赤沙藤。

【识别特征】①落叶木质藤本，全株无毛；当年枝条暗红色，老树皮有时纵裂。
　　　　　　②三出复叶，小叶革质，顶生小叶近棱状倒卵圆形，先端急尖，基
　　　　　　部渐狭成短柄，全缘，侧生小叶斜卵形，先端急尖，基部内面楔形，
　　　　　　外面截形或圆形，正面绿色，背面淡绿色，比顶生小叶略大，无小
　　　　　　叶柄。③总状花序，雄花与雌花同序或异序，浆果近球形，成熟时
　　　　　　黑蓝色。

【生长环境】生长于山坡疏林、溪边；有栽培。

【采收加工】秋、冬二季采收，除去侧枝，截段，干燥。

【化学成分】含毛柳苷、鹅掌楸木脂素双糖苷、大黄素、香荚蓝酸、原儿茶酸、
　　　　　　大黄酚、大血藤素、异大血藤素等。

【性味归经】苦，平。归大肠、肝经。

【功能主治】清热解毒，活血，祛风。用于肠痈腹痛，经闭痛经，风湿痹痛，
　　　　　　跌打肿痛。

三叶木通

【基　　源】木通科植物三叶木通 *Akebia trifoliata* Thunb. 的木质茎。

【药材名称】木通。

【别　　名】八月瓜藤、三叶拿藤、活血藤、甜果木通、八月楂。

【识别特征】①落叶木质藤本。茎皮灰褐色，有稀疏的皮孔及小疣点。②掌状复叶互生或簇生，小叶3片，纸质或薄革质，卵形至阔卵形，先端通常钝或略凹入，具小凸尖，基部截平或圆形，边缘具波状齿或浅裂，正面深绿色，背面浅绿色；侧脉每边5～6条。③总状花序自短枝上簇生叶中抽出，雄花：花梗丝状，萼片3，淡紫色；雌花：花梗稍较雄花的粗，萼片3，紫褐色，近圆形；果长圆形，长6～8 cm，直或稍弯，成熟时灰白略带淡紫色。

【生长环境】生长于海拔250～2 000 m 的山地沟谷边疏林或丘陵灌丛中。

【采收加工】秋季采收，截取茎部，除去细枝，阴干。

【化学成分】含木通皂苷、齐墩果酸等。

【性味归经】苦，寒。归心、小肠、膀胱经。

【功能主治】利尿通淋，清心除烦，通经下乳。用于淋证，水肿，心烦尿赤，口舌生疮，经闭乳少，湿热痹痛。

◎ 防己科

木防己

【基　　源】防己科植物木防己 *Cocculus orbiculatus* (L.) DC. 的根。

【药材名称】木防己。

【别　　名】土防己、青藤根、青藤香。

【识别特征】①木质藤本；小枝被绒毛至疏柔毛，有条纹。②叶片纸质至近革质，
形状变异极大，自线状披针形至阔卵状近圆形、狭椭圆形至近圆形、
倒披针形至倒心形，顶端短尖或钝而有小凸尖，有时微缺或2裂，
边全缘或3裂，有时掌状5裂，两面被密柔毛至疏柔毛，掌状脉3条，
在背面微凸起。③聚伞花序少花，腋生，花瓣6，核果近球形，红
色至紫红色。

【生长环境】生长于灌丛、村边、林缘等处。

【采收加工】秋季采挖，洗净，除去粗皮，晒至半干，切段，个大者再纵切，干燥。

【化学成分】含多种生物碱，如木兰碱、木防己碱、异木防己碱、高木防己碱、
木防己胺碱及木防己新碱等。

【性味归经】苦、辛，寒。归膀胱、肾、脾、肺经。

【功能主治】祛风止痛，利尿消肿，解毒，降血压。用于风湿痹痛、神经痛、
肾炎水肿、尿路感染；外治跌打损伤、蛇咬伤。

莲

【基　　源】睡莲科植物莲 *Nymphaea* L. 的叶、根茎、种子。

【药材名称】莲子，荷叶，藕节。

【别　　名】荷、芙蕖、鞭蓉、水芙蓉。

【识别特征】①多年生水生草本；根状茎横生，肥厚，节间膨大，内有多数纵
　　　　　　行通气孔道，节部缢缩。②叶圆形，盾状，全缘稍呈波状，正面光滑，
　　　　　　具白粉，背面叶脉从中央射出，有 1～2 次叉状分枝；叶柄粗壮，
　　　　　　圆柱形，中空，外面散生小刺。③花梗和叶柄等长或稍长，也散生
　　　　　　小刺；花瓣红色、粉红色或白色，坚果椭圆形或卵形，果皮革质，
　　　　　　坚硬，熟时黑褐色。

【生长环境】产于我国南北各省。自生或栽培在池塘或水田内。

【采收加工】夏季采收全株，晒干入药。

【化学成分】种子含碳水化合物（62%），蛋白质（6.6%），脂肪（2.0%）等。
　　　　　　果皮含荷叶碱、原荷叶碱等生物碱。叶含莲碱、原荷叶碱和荷叶碱
　　　　　　等生物碱。藕含儿茶酚、右旋没食子儿茶精、新氯原酸等。

【性味归经】种子：甘、涩，平。归脾、肾、心经。叶：苦，平。归肝、脾、胃经。
　　　　　　根茎：甘、涩，平。归肝、肺、胃经。

【功能主治】种子：补脾止泻，益肾固精，养心安神。用于脾虚久泻，遗精带下，
　　　　　　心悸失眠。荷叶：清热解暑，升发清阳，凉血止血。用于多种出血症
　　　　　　及产后血晕。根茎：止血，消瘀。用于吐血，咯血，衄血，尿血，崩漏。

蕺　菜

【基　　源】三白草科植物蕺菜 *Houttuynia cordata* Thunb. 的新鲜全草或干燥地上部分。

【药材名称】鱼腥草。

【别　　名】岑草、蕺、紫蕺。

【识别特征】①腥臭草本，茎下部伏地，节上轮生小根，上部直立，无毛或节上被毛，有时带紫红色。②叶薄纸质，有腺点，背面尤甚，卵形或阔卵形，顶端短渐尖，基部心形，两面有时除叶脉被毛外余均无毛，背面常呈紫红色，叶脉5～7条，全部基出。③花序长约2 cm，蒴果。

【生长环境】生长于沟边、溪边或林下湿地上。

【采收加工】春夏挖取全草，洗净后晒干。

【化学成分】地上部分含挥发油、内含抗菌有效成分癸酰乙醛、月桂醛、a-蒎烯、和芳樟醇，还含甲基正壬基甲酮、樟烯、月桂烯、柠檬烯、阿福甙、金丝桃甙、芸香甙、绿原酸等。

【性味归经】辛，微寒。归肺经。

【功能主治】清热解毒，排脓消痈，利尿通淋。用于肺痈吐脓，痰热喘咳，热痢，热淋，痈肿疮毒。

三白草

【基　　源】三白草科植物三白草 *Saururus chinensis* (Lour.) Baill. 的干燥根茎或全草。

【药材名称】三白草。

【别　　名】五路白、五叶白、白桔朝、白花照水莲。

【识别特征】①湿生草本，茎粗壮，有纵长粗棱和沟槽，常带白色，上部直立，
绿色。②叶纸质，密生腺点，阔卵形至卵状披针形，顶端短尖或渐尖，
基部心形或斜心形，两面均无毛，上部的叶较小，茎顶端的 2～3
片于花期常为白色，呈花瓣状，叶脉 5～7 条。③花序白色，果
近球形，表面多疣状凸起。

【生长环境】生长于低湿沟边，塘边或溪旁。

【采收加工】根茎秋季采挖；全草全年均可采挖，洗净，晒干。

【化学成分】含挥发油、槲皮素、槲皮苷、异槲皮苷、金丝桃苷、芸香苷等。

【性味归经】甘、辛，寒。归肺、膀胱经。

【功能主治】清热利尿，解毒消肿。用于小便不利，淋沥涩痛，带下病，尿路感染，
肾炎水肿；外治疮疡肿毒，湿疹。

药用植物标本采集与制作技术

宽叶金粟兰

【基　　源】金粟兰科植物宽叶金粟兰 *Chloranthus henryi* Hemsl. 的全草或根。

【药材名称】四大天王。

【别　　名】四叶对、四叶细辛。

【识别特征】①多年生草本，茎直立，单生或数个丛生，有 6 ~ 7 个明显的节。
②叶对生，通常 4 片生长于茎上部，纸质，宽椭圆形、卵状椭圆
形或倒卵形，顶端渐尖，基部楔形至宽楔形，边缘具锯齿，齿端有
一腺体。③穗状花序顶生，通常两歧或总状分枝，花白色; 核果球形。

【生长环境】生长于海拔 750 ~ 1 900 m 的山坡林下荫湿地或路边灌丛中。

【采收加工】夏秋采全草和根，分别晒干。

【化学成分】含有重楼排草苷、苷元为仙客来苷元 D。

【性味归经】辛、苦、温; 有毒。归肺、肝经。

【功能主治】祛风除湿，活血散瘀，解毒。用于风湿痹痛，肢体麻木，风寒咳嗽，
跌打损伤，疮肿及毒蛇咬伤。

◎ 马兜铃科

马 兜 铃

【基　　源】马兜铃科植物北马兜铃 *Aristolochia contorta* Bge. 或马兜铃 *A. debilis*
　　　　　　Sieb. et Zucc. 的干燥成熟果实。

【药材名称】马兜铃。

【别　　名】水马香果、蛇参果、三角草、秋木香罐。

【识别特征】①草质藤本；茎柔弱，无毛，暗紫色或绿色。②叶纸质，卵状三角形，
　　　　　　长圆状卵形或戟形，顶端钝圆或短渐尖，基部心形，两侧裂片圆形，
　　　　　　下垂或稍扩展，两面无毛；基出脉 5～7 条。③花单生或 2 朵聚
　　　　　　生长于叶腋；花被管口扩大呈漏斗状，黄绿色，口部有紫斑；蒴果
　　　　　　近球形，顶端圆形而微凹，具 6 棱，成熟时黄绿色，由基部向上
　　　　　　沿室间 6 瓣开裂。

【生长环境】生长于海拔 200～1 500 m 的山谷、沟边、路旁阴湿处及山坡灌
　　　　　　丛中。

【采收加工】秋季果实由绿变黄时采收，干燥。

【化学成分】根中含有季铵盐生物碱，如木兰花碱、汉防己碱等。

【性味归经】苦，微寒。归肺、大肠经。

【功能主治】清肺降气，止咳平喘，清肠消痔。用于肺热喘咳，痰中带血，肠
　　　　　　热痔血，痔疮肿痛。

◎ 猕猴桃科

猕 猴 桃

【基　　源】猕猴桃科植物猕猴桃 Actinidia chinensis Planch. 的成熟果实、根。

【药材名称】猕猴桃。

【别　　名】猕猴梨、藤梨、羊桃。

【识别特征】①落叶藤本；枝褐色，有柔毛。②叶近圆形或宽倒卵形，顶端钝圆或微凹，基部圆形至心形，边缘有芒状小齿，表面有疏毛，背面密生灰白色星状绒毛。③花开时乳白色，后变黄色，单生或数朵生长于叶腋。浆果卵形成长圆形，密被黄棕色有分枝的长柔毛。

【生长环境】我国长江流域各省。

【采收加工】秋季摘果挖根，鲜用或晒干。

【化学成分】果实含猕猴桃碱、玉蜀黍呤、9-核糖玉蜀黍呤、大黄素（emodin）大黄素甲醚、大黄素 -8- 甲醚、大黄素酸、大黄素 8-β-D- 葡萄糖甙、β- 谷甾醇、有机酸、维生素等。

【性味归经】果实：酸、甘，寒。根：苦、涩，寒。归脾、胃经。

【功能主治】果实：解热，止渴，通淋，健胃。调中理气，生津润燥，解热除烦。用于消化不良，食欲不振，呕吐，烧烫伤。根：清热解毒，活血消肿，祛风利湿。用于风湿性关节炎，跌打损伤，丝虫病，肝炎，痢疾，淋巴结结核，痈疖肿毒，癌症。

◎ 藤黄科

地 耳 草

【基　　源】藤黄科植物地耳草 *Hypericum japonicum* Thunb. 的全草。

【药材名称】田基黄。

【别　　名】地耳草。

【识别特征】①一年生小草本，高 10 ~ 40 cm。茎丛生，直立或斜上，有 4 棱。
②单叶对生；无叶柄；叶片卵形或广卵形，先端钝，基部抱茎，斜上，
全缘。③聚伞花序顶生序顶生而成叉状分歧；花小，花瓣 5，黄色，
雄蕊 5 ~ 30 枚，子房上位，1 室。蒴果椭圆形，成熟时开裂为 3 果瓣。

【生长环境】生长于田野较湿润处。

【采收加工】春、夏季开花时采收全草，晒干或鲜用。

【化学成分】全含槲皮甙，异槲皮甙，田基黄灵素，田基黄棱素 A、B，湿生
金丝桃素 B，绵马酸，地耳草素等。

【性味归经】甘、苦，凉。归肺、肝、胃经。

【功能主治】清热利湿，解毒消肿，散瘀止痛。用于肝炎，早期肝硬化，阑尾炎，
眼结膜炎，扁桃体炎；外用治疮疖肿毒，带状疱疹，毒蛇咬伤，跌
打损伤。

小 连 翘

【基　　源】藤黄科植物小连翘 *Hypericum erectum* Thunb.ex murr. 的全草。

【药材名称】小连翘。

【别　　名】七层兰、瑞香草、大田基。

【识别特征】①多年生草本，茎单一，直立或上升，通常不分枝，圆柱形，无毛，无腺点。②叶无柄，叶片长椭圆形至长卵形，先端钝，基部心形抱茎，边缘全缘，内卷，坚纸质，正面绿色，背面淡绿色，侧脉每边约5条，斜上升。③花序顶生，多花，伞房状聚伞花序，常具腋生花枝；花瓣黄色，倒卵状长圆形，上半部有黑色点线；蒴果卵珠形。

【生长环境】生长于山坡草丛中。

【采收加工】6～8月采收植物全草，晒干。

【化学成分】全草含鞣质、小连翘碱、小连翘次碱；花含金丝桃素等。

【性味归经】辛，平；无毒。归肝、肺经。

【功能主治】活血止血，调经通乳，消肿止痛。用于吐血，衄血，子宫出血，月经不调，乳汁不通，疮肿，跌打损伤，创伤出血。

◎ 罂粟科

博 落 回

【基　　源】罂粟科植物博落回 *Macleaya cordata* (Willd.) R. Br. 的全草。

【药材名称】博落回。

【别　　名】勃逻回、菠萝筒、野麻杆、号筒杆。

【识别特征】①直立草本，基部木质化，具乳黄色浆汁。茎绿色，光滑，多白粉，中空，上部多分枝。②叶片宽卵形或近圆形，先端急尖、渐尖、钝或圆形，通常7或9深裂或浅裂，边缘波状、缺刻状、粗齿或多细齿，表面绿色，无毛，背面多白粉，被易脱落的细绒毛，基出脉通常5，细脉网状，常呈淡红色。③大型圆锥花序多花，花芽棒状，近白色；蒴果狭倒卵形或倒披针形。

【生长环境】生长于海拔150～830 m 的丘陵或低山林中、灌丛中或草丛间。

【采收加工】秋季采收，晒干。

【化学成分】含血根碱、白屈菜红碱、原阿片碱、博落回碱、氧化血根碱等。

【性味归经】苦，温；有毒。归心、胃、肝经。

【功能主治】消肿，解毒，杀虫。用于指疗，脓肿，急性扁桃体炎，中耳炎，滴虫性阴道炎，下肢溃疡，烫伤，顽癣。

药用植物标本采集与制作技术

◎ 十字花科

萝 卜

【基　源】十字花科植物萝卜 *Raphanus sativus* L. 的干燥成熟种子。

【药材名称】莱菔子。

【别　名】萝卜子、芦菔子、萝白子、菜头子。

【识别特征】①二年或一年生草本，高20～100 cm；茎有分枝，无毛，稍具粉霜。②基生叶和下部茎生叶大头羽状半裂，顶裂片卵形，侧裂片4～6对，长圆形，有钝齿，上部叶长圆形，有锯齿或近全缘。③总状花序顶生及腋生，花白色或粉红色。④长角果圆柱形。种子1～6个，卵形，微扁，红棕色。花期4～5月，果期5～6月。

【生长环境】全国各地均有栽培。

【采收加工】夏季果实成熟时采割植株，晒干，搓出种子，除去杂质，再晒干。

【化学成分】含芥子碱和脂肪油30%，油中含大量的芥酸、亚油酸、亚麻酸，还含菜子甾醇和22-去氢菜油甾醇，另含莱菔素。

【性味归经】辛、甘、平。归肺、脾、胃经。

【功能主治】消食除胀，降气化痰。用于饮食停滞，脘腹胀痛，大便秘结，积滞泻痢，痰壅喘咳。

独 行 菜

【基　　源】十字花科植物独行菜 *Lepidium apetalum* Willd. 或播娘蒿 *Descurainia sophia* (L.) Webb ex prantl 的干燥成熟种子。前者习称"北葶苈子"，后者习称"南葶苈子"。

【药材名称】葶苈子。

【别　　名】腺茎独行菜。

【识别特征】①一年或二年生草本，高 5 ~ 30 cm；茎直立，有分枝。②基生叶窄匙形，一回羽状浅裂或深裂，茎上部叶线形，有疏齿或全缘。③总状花序在果期可延长至 5 cm；花瓣不存或退化成丝状，雄蕊 2 或 4。短角果近圆形或宽椭圆形，扁平。种子椭圆形，棕红色。

【生长环境】生长于海拔 400 ~ 2 000 m 的山坡、山沟、路旁及村庄附近。

【采收加工】夏季果实成熟时采割植株，晒干，搓出种子，除去杂质。

【化学成分】含脂肪油、芥子甙、七里香甙甲、异硫氰酸苄酯等。

【性味归经】苦、辛，大寒。归肺、膀胱经。

【功能主治】泻肺平喘，行水消肿。用于痰涎壅肺，喘咳痰多，胸胁胀满，不得平卧，胸腹水肿，小便不利；肺原性心脏病水肿。

蔊菜

【基　　源】十字花科植物蔊菜 *Rorippa indica* (L.) Hiern 的全草。

【药材名称】蔊菜。

【别　　名】印度蔊菜、江剪刀草。

【识别特征】①一、二年生直立草本。②叶互生，基生叶及茎下部叶具长柄，叶形多变化，通常大头羽状分裂，顶端裂片大，卵状披针形，边缘具不整齐牙齿。③总状花序顶生或侧生，花瓣4，黄色，长角果线状圆柱形。

【生长环境】生长于路旁、田边、园圃、河边、屋边墙脚及山坡路旁等较潮湿处。

【采收加工】夏、秋季花期采挖，除去泥沙，晒干。

【化学成分】全草含蔊菜素、有机酸、黄酮类化合物及微量生物碱。

【性味归经】甘、淡，凉。归肺、肝经。

【功能主治】清热利尿，活血通经，镇咳化痰，解毒。用于感冒，热咳，咽痛，风湿性关节炎，黄疸，水肿，跌打损伤等病症。

荠菜

【基　　源】十字花科植物荠菜 *Capsella bursa-pastoris* (L.) Medic. 的全草。

【药材名称】荠菜。

【别　　名】枕头草、粽子菜、三角草、荠荠菜、菱角菜、地菜。

【识别特征】①一年生或二年生草本，茎直立，分枝。②根生叶丛生，羽状深裂，上部裂片三角形；茎生叶长圆形或线状披针形，基部成耳状抱茎，边缘有缺刻或锯齿，叶两面生有细柔毛。③花多数，顶生成腋生成总状花序；花瓣倒卵形，4片，白色，十字形开放。④短角果呈倒三角形，无毛，扁平，先端微凹。种子约20～25粒，成2行排列，细小，倒卵形。花期3～5月。

【生长环境】生长于田野、路边及庭园，全国均有分布。

【采收加工】春末夏初采集，晒干。

【化学成分】含草酸、酒石酸、苹果酸、丙酮酸、对氨基苯磺酸及延胡索酸等有机酸；精氨酸，天冬氨酸，脯氨酸等氨基酸。又含胆碱、乙酰胆碱、马钱子碱、皂甙，黄酮类：芸香甙、橙皮甙、木犀草素7-芸香糖甙、二氢非瑟素、槲皮素-3-甲醚、棉花皮素六甲醚、香叶木甙、刺槐乙素，还含黑芥子甙和谷甾醇。

【性味归经】甘、淡，凉。归肝、心、肺经。

【功能主治】凉血止血，清热利尿，平肝明目。用于肾结核尿血，产后子宫出血，月经过多，肺结核咯血，高血压病，感冒发热，肾炎水肿，泌尿系结石，乳糜尿，肠炎，目赤疼痛；眼底出血。

药用植物标本采集与制作技术

碎 米 荠

【基　　源】十字花科植物碎米荠 *Cardamine hirsuta* L. 的全草。

【药材名称】白带草。

【别　　名】雀儿菜、野荠菜、米花香荠菜。

【识别特征】①一年生或二年生草本，茎直立或斜升，通常多分枝，下部有时带淡紫色，密被白色粗毛。②奇数羽状复叶；基生叶具柄、有小叶 2～5 对；顶生小叶肾形或肾圆形，边缘有 3～7 波状浅裂；茎生叶具短柄，有小叶 3～6 对，全部小叶两面多被粗毛。③总状花序生长于枝端，萼片 4；花瓣 4，白色，倒卵形。④长角果线形而稍扁，无毛。种子椭圆形，棕色。花期 2～4 月，果期 3～5 月。

【生长环境】生长于海拔 1 000m 以下的山坡、路旁、荒地和耕地的阴湿处。

【采收加工】2～5 月采集，晒干或鲜用。

【化学成分】含有蛋白质、脂肪、碳水化合物、多种维生素、矿物质等。

【性　　味】甘、淡，凉。

【功能主治】清热利湿，安神，止血。用于湿热泻痢，热淋，带下病，心悸失眠，虚火牙痛，小儿疳积，吐血，便血，疔疮。

◎ 金缕梅科

枫 香 树

【基　　源】金缕梅科植物枫香树 *Liquidambar formosana* Hance 的干燥成熟果
实。

【药材名称】路路通。

【别　　名】九孔子、枫香树。

【识别特征】①落叶乔木，树皮灰褐色，方块状剥落。②叶薄革质，阔卵形，
掌状3裂，中央裂片较长，先端尾状渐尖；两侧裂片平展；基部心形；
正面绿色；背面有短柔毛，掌状脉3～5条，在上下两面均显著，
网脉明显可见；边缘有锯齿。③雄性短穗状花序常多个排成总状，
雌性头状花序有花24～43朵，头状果序圆球形，蒴果。

【生长环境】生长于平地、村落附近及低山的次生林。

【采收加工】冬季果实成熟后采收，除去杂质，干燥。

【化学成分】枫香树脂含阿姆布酮酸，即模绕酮酸、阿姆布醇酸、阿姆布二醇酸、
路路通酮酸、路路通二醇酸、枫香脂熊果酸、枫香脂诺维酸等。

【性味归经】果实：苦，平；树脂：辛、苦，平。归肝、肾经。

【功能主治】祛风活络，利水通经。用于关节痹痛，麻木拘挛，水肿胀满，乳
少经闭。

药用植物标本采集与制作技术

◎ 景天科

凹叶景天

【基　源】景天科植物凹叶景天 *Sedum emarginatum* migo. 的全草。

【药材名称】马牙半支。

【别　名】石马苋、马牙半支莲、豆瓣草、水佛甲、打不死。

【识别特征】①多年生草本，茎细弱。②叶对生，匙状倒卵形至宽卵形，先端圆，有微缺，基部渐狭，有短距。③花序聚伞状，顶生，有多花，常3个分枝；花瓣5，黄色，蓇葖略叉开。

【生长环境】生长于海拔 600 ~ 1 800 m 处山坡阴湿处。

【采收加工】夏、秋收采。

【化学成分】主要含有生物碱、谷甾醇、黄酮类、景天庚糖、果糖、蔗糖和有机酸等成分。

【性味归经】苦、酸，凉。归心、肝经。

【功能主治】清热解毒，凉血止血，利湿。用于痈肿，疔疮，吐血，衄血，血崩，带下，瘰疬，黄疸，跌打损伤。

垂 盆 草

【基　　源】景天科植物垂盆草 *Sedum sarmentosum* Bunge 的新鲜或干燥全草。

【药材名称】垂盆草。

【别　　名】狗牙半支、石指甲、半支莲、狗牙齿、瓜子草。

【识别特征】①多年生肉质草本，不育枝匍匐生根，枝直立。②叶3片轮生，
　　　　　　倒披针形至长圆形，顶端尖，基部渐狭，全缘。③聚伞花序疏松，
　　　　　　常3～5分枝；花淡黄色，花瓣5，种子细小，卵圆形。

【生长环境】生长于山坡岩石上或栽培。

【采收加工】夏、秋二季采收，除去杂质。鲜用或干燥。

【化学成分】含N-甲基异石榴皮碱、二氢-N-甲基异石榴皮碱、景天庚酮糖、
　　　　　　葡萄糖、果糖、蔗糖。

【性味归经】甘，凉。归肝、胆、小肠经。

【功能主治】清利湿热，解毒。用于湿热黄疸，小便不利，痈肿疮疡，急、慢
　　　　　　性肝炎。

药用植物标本采集与制作技术

佛 甲 草

【基　　源】景天科植物佛甲草 *Sedum lineare* Thunb. 的全草。

【药材名称】佛甲草。

【别　　名】万年草、佛指甲、半支连。

【识别特征】①多年生草本，无毛。茎高 10 ~ 20 cm。②3 叶轮生，叶线形，
　　　　　　先端钝尖，基部无柄，有短距。③花序聚伞状，顶生，疏生花，花
　　　　　　瓣 5，黄色，蓇葖果。

【生长环境】生长于低山或平地草坡上。

【采收加工】夏、秋季采。

【化学成分】全草含金圣草素、红车轴草素、香豌显甙、香碗豆甙-3'-甲醚及 δ-
　　　　　　谷甾醇。

【性味归经】甘，寒。归心、肺、肝、脾经。

【功能主治】清热解毒，利湿，止血。用于咽喉肿痛，目赤肿毒，热毒痈肿，疔疮，
　　　　　　丹毒，缠腰火丹，烫火伤，毒蛇咬伤，黄疸，湿热泻痢，便血，崩漏，
　　　　　　外伤出血，扁平疣。

景天三七

【基　　源】景天科植物景天三七 *Sedum aizoon* L. 的全草。

【药材名称】景天三七。

【别　　名】救心菜、土三七、墙头三七、见血散、血山草。

【识别特征】①多年生草本，有 1～3 条茎，直立，无毛，不分枝。②叶互生，狭披针形、椭圆状披针形至卵状倒披针形，先端渐尖，基部楔形，边缘有不整齐的锯齿；叶坚实，近革质。③聚伞花序有多花，花瓣 5，黄色，蓇葖星芒状排列。

【生长环境】生长于山坡岩石上，草丛中，主产于我国北部和长江流域各省。

【采收加工】春秋采挖根部，洗净晒干。全草随用随采，或秋季采集晒干。

【化学成分】全草含生物碱、齐墩果酸、谷甾醇、黄酮类和有机酸等。

【性味归经】甘，平。归心、肝、脾经。

【功能主治】散瘀止血，宁心安神，解毒。用于吐血，衄血，便血，尿血，崩漏，紫斑，外伤出血，跌打损伤，心悸，失眠，疮疖痈肿，烫火伤，毒虫螫伤。

药用植物标本采集与制作技术

虎 耳 草

【基　　源】虎耳草科植物虎耳草 *Saxifraga stolonifera* meerb. 的全草。

【药材名称】虎耳草。

【别　　名】石荷叶、金丝荷叶、耳朵红、老虎草。

【识别特征】①多年生草本，密被卷曲长腺毛，具鳞片状叶。茎被长腺毛。
②基生叶具长柄，叶片近心形、肾形至扁圆形，先端钝或急尖，基部近截形、圆形至心形，5～11浅裂，裂片边缘具不规则齿牙，腹面绿色，被腺毛，背面红紫色，被腺毛，有斑点，具掌状达缘脉序。
③聚伞花序圆锥状，花瓣白色，中上部具紫红色斑点，基部具黄色斑点，5枚。

【生长环境】生长于海拔400～4500 m的林下、灌丛、草甸和荫湿岩隙。

【采收加工】夏季采收，鲜用或晒干备用。

【化学成分】含槲皮素5-葡萄糖苷、槲皮苷、绿原酸、熊果苷等。

【性味归经】微苦、辛、寒；有小毒。归肺、脾、大肠经。

【功能主治】疏风清热，凉血解毒。用于风热咳嗽，肺痈，吐血，风火牙痛，风疹瘙痒，痈肿丹毒，痔疮肿痛，毒虫咬伤，外伤出血。

棣 棠 花

【基　　源】蔷薇科植物棣棠花 *Kerria japonica* (L.) DC. 的嫩枝叶及花。

【药材名称】棣棠花。

【别　　名】地棠、蜂棠花、黄度梅。

【识别特征】①落叶灌木，小枝绿色，圆柱形，无毛，常拱垂，嫩枝有棱角。
②叶互生，三角状卵形或卵圆形，顶端长渐尖，基部圆形、截形，
边缘有尖锐重锯齿，两面绿色，正面无毛或有稀疏柔毛，背面沿脉
或脉腋有柔毛。③单花，着生在当年生侧枝顶端，花瓣黄色，瘦果
倒卵形至半球形，褐色或黑褐色。

【生长环境】生长于山坡灌丛中，海拔 200～3 000 m。

【采收加工】夏季采花及嫩枝叶，鲜用或晒干。

【化学成分】花含柳穿鱼甙，即 5,7-二羟基-4,6-二甲氧基黄酮-7-芸香甙等。

【性味归经】涩，平。归肺、胃、脾经。

【功能主治】化痰止咳，利尿消肿，解毒。用于咳嗽，风湿痹痛，产后劳伤痛，
水肿，小便不利，消化不良，痈疽肿毒，湿疹，荨麻疹。

药用植物标本采集与制作技术

灰白毛莓

【基　　源】蔷薇科植物灰白毛莓 *Rubus tephrodes* Hance 的根、叶。

【药材名称】乌龙摆尾。

【别　　名】蛇乌苞、灰山泡、乌泡。

【识别特征】①攀援灌木，枝密被灰白色绒毛，疏生微弯皮刺，并具疏密及长短不等的刺毛和腺毛，老枝上刺毛较长。②单叶，近圆形，顶端急尖或圆钝，基部心形，正面有疏柔毛或疏腺毛，背面密被灰白色绒毛，侧脉 3～4 对，边缘有明显 5～7 圆钝裂片和不整齐锯齿。③大型圆锥花序顶生；花瓣小，白色，果实球形，紫黑色。

【生长环境】生长于山坡、路旁或灌丛中，海拔达 1 500 m。

【采收加工】秋季果熟时采收。

【化学成分】含黄酮类、挥发油。

【性味归经】酸涩，平；无毒。归肝经。

【功能主治】活血散瘀，祛风通络。用于经闭，腰痛，腹痛，筋骨疼痛，跌打损伤，感冒，痢疾。

华东覆盆子

【基　　源】蔷薇科植物华东覆盆子 *Rubus chingii* Hu 的干燥果实。

【药材名称】覆盆子。

【别　　名】悬钩子、大号角公、牛奶母。

【识别特征】①藤状灌木，枝细，具皮刺，无毛。②单叶，近圆形，两面仅沿
　　　　　　叶脉有柔毛，基部心形，边缘掌状深裂，裂片椭圆形或菱状卵形，
　　　　　　顶端渐尖，基部狭缩，顶生裂片与侧生裂片近等长或稍长，具重锯
　　　　　　齿，有掌状 5 脉。③单花腋生，花瓣椭圆形，白色；果实近球形，
　　　　　　红色。

【生长环境】生长于低海拔至中海拔地区，在山坡、路边阳处或阴处灌木丛中
　　　　　　常见。

【采收加工】夏初果实由绿变绿黄时采收，除去梗、叶，置沸水中略烫或略蒸，
　　　　　　取出，干燥。

【化学成分】含有机酸、没食子酸、覆盆子酸、糖类及少量维生素 C 等。

【性味归经】甘、酸，温。归肝、肾经。

【功能主治】补肝益肾，固精缩尿，明目。用于阳痿早泄，遗精滑精，宫冷不孕，
　　　　　　带下清稀，尿频遗溺，眼目昏暗，须发早白。

蓬 蘽

【基　源】蔷薇科植物蓬蘽 *Rubus hirsutus* Thunb. 的根或叶。

【药材名称】三月泡。

【别　名】企晃刺、野杜利、竖藤火梅刺、饭消扭。

【识别特征】①灌木，枝红褐色，被柔毛和腺毛，疏生皮刺。②小叶 3 ~ 5 枚，卵形或宽卵形，顶端急尖，顶生小叶顶端常渐尖，基部宽楔形至圆形，两面疏生柔毛，边缘具不整齐尖锐重锯齿。③花常单生长于侧枝顶端，花大，花萼外密被柔毛和腺毛，花瓣倒卵形或近圆形，白色，果实近球形。

【生长环境】生长于山坡路旁阴湿处或灌丛中，海拔达 1 500 m。

【采收加工】秋季果熟时采收。

【化学成分】含黄酮类、黄酮苷类。

【性味归经】甘、微苦，平。归肝、肾经。

【功能主治】根：祛风活络，清热镇惊。用于小儿惊风，风湿筋骨痛。叶：消炎，接骨。用于断指。

枇 杷

【基　　源】蔷薇科植物枇杷 *Eriobotrya japonica* (Thunb.) Lindl. 的干燥叶。

【药材名称】枇杷叶。

【别　　名】杷叶、芦桔叶、巴叶。

【识别特征】①常绿小乔木，小枝粗壮，黄褐色，密生锈色或灰棕色绒毛。②叶片革质，披针形、倒披针形、倒卵形，先端急尖或渐尖，基部楔形，上部边缘有疏锯齿，基部全缘，正面光亮，多皱，背面密生灰棕色绒毛，侧脉 11 ~ 21 对。③圆锥花序顶生，具多花；花瓣白色，果实球形，黄色或桔黄色。

【生长环境】各地广行栽培。

【采收加工】全年均可采收，晒至七、八成干时，扎成小把，再晒干。入药前切丝去毛即可。

【化学成分】含皂苷、糖类、熊果酸、齐墩果酸、鞣质、苦杏仁苷等。

【性味归经】苦，微寒。归肺、胃经。

【功能主治】清肺止咳，降逆止呕。用于肺热咳嗽，气逆喘急，胃热呕逆，烦热口渴。

地　榆

【基　　源】蔷薇科植物地榆 *Sanguisorba officinalis* L. 的干燥根。

【药材名称】地榆。

【别　　名】黄瓜香、玉札、山枣子。

【识别特征】①多年生草本，高 30 ~ 120 cm。茎直立，有棱。②基生叶为
　　　　　　羽状复叶，有小叶 4 ~ 6 对；小叶片有短柄，卵形或长圆状卵形；
　　　　　　茎生叶较少，基生叶托叶膜质，褐色。③穗状花序椭圆形，直立。
　　　　　　④果实包藏在宿存萼筒内。花果期 7 ~ 10 月。

【生长环境】生长于灌丛中、山坡草地、草原、草甸及疏林下。

【采收加工】春季将发芽时或秋季植株枯萎后采挖，除去须根，洗净，干燥，
　　　　　　或趁鲜切片，干燥。

【化学成分】含多种鞣质成分。

【性味归经】苦、酸、涩，微寒。归肝、大肠经。

【功能主治】凉血止血，解毒敛疮。用于便血，痔血，血痢，崩漏，水火烫伤，
　　　　　　痈肿疮毒。

麻叶绣线菊

【基　　源】蔷薇科植物麻叶绣线菊 *Spiraea cantoniensis* Lour. 的根及叶子。

【药材名称】麻叶绣线菊。

【别　　名】碎米花。

【识别特征】①灌木，小枝圆柱形，呈拱形弯曲，幼时暗红褐色，无毛。②叶片菱状披针形至菱状长圆形，先端急尖，基部楔形，边缘自近中部以上有缺刻状锯齿，正面深绿色，背面灰蓝色，两面无毛，有羽状叶脉。③伞形花序具多数花朵；萼筒钟状，萼片三角形；花瓣近圆形或倒卵形，白色；蓇葖果。

【生长环境】生长于山坡灌木丛、山谷、溪边。

【采收加工】秋、冬挖取根，洗净后晒干或鲜用。

【性味归经】苦，凉。归肺、心、肝经。

【功能主治】清热凉血，祛瘀，消肿止痛。用于跌打损伤、疥癣。

药用植物标本采集与制作技术

金 樱 子

【基　　源】蔷薇科植物金樱子 *Rosa laevigata* michx. 的干燥成熟果实。

【药材名称】金樱子。

【别　　名】糖罐子、刺头、倒挂金钩、刺梨。

【识别特征】①常绿攀援灌木，小枝粗壮，散生扁弯皮刺，无毛。②小叶革质，
通常3，小叶片椭圆状卵形、倒卵形或披针状卵形，先端急尖或圆钝，
边缘有锐锯齿，正面亮绿色，无毛，背面黄绿色。③花单生长于叶腋，
花瓣白色，果梨形、倒卵形，稀近球形，紫褐色，外面密被刺毛，
萼片宿存。

【生长环境】生长于海拔200～1 600 m 的向阳的山野、田边、溪畔灌木丛中。

【采收加工】10～11月果实成熟变红时采收，干燥，除去毛刺。

【化学成分】含皂苷、糖类、逆没食子酸、β-谷甾醇等。

【性味归经】酸、甘、涩，平。归肾、膀胱、大肠经。

【功能主治】固精缩尿，涩肠止泻。用于遗精滑精，遗尿尿频，崩漏带下，久
泻久痢。

蛇 含

【基　　源】蔷薇科植物蛇含 *Potentilla kleiniana* Wight et Arn. 的全草。

【药材名称】蛇含。

【别　　名】五匹风、五爪龙、蛇含委陵菜。

【识别特征】①一年生、二年生或多年生宿根草本。多须根。花茎上升或匍匐，被疏柔毛或开展长柔毛。②基生叶为近于鸟足状 5 小叶，叶柄被疏柔毛；小叶片倒卵形或长圆倒卵形，顶端圆钝，基部楔形，边缘有多数急尖或圆钝锯齿，两面绿色，被疏柔毛；下部茎生叶有 5 小叶，上部茎生叶有 3 小叶。③聚伞花序密集枝顶如假伞形，花瓣黄色，瘦果近圆形。

【生长环境】生长于海拔 400 ~ 3 000 m 的田边、水旁、草甸及山坡草地。

【采收加工】夏秋采收，鲜用或晒干。

【化学成分】含 β- 谷甾醇、胡萝卜苷、齐墩果酸、熊果醇、委陵菜酸、2α- 羟基乌苏酸、熊果酸等。

【性味归经】辛，凉。归肝、肺经。

【功能主治】清热解毒，止咳化痰。用于外感咳嗽，百日咳，咽喉肿痛，小儿高热惊风，疟疾，痢疾；外用治腮腺炎，乳腺炎，毒蛇咬伤，带状疱疹，疔疮，痔疮，外伤出血。

药用植物标本采集与制作技术

蛇 莓

【基　　源】蔷薇科植物蛇莓 *Duchesnea indica* (Andr.) Focke. 的全草。

【药材名称】蛇莓。

【别　　名】野杨梅、蛇泡草、三叶莓、地杨梅、三爪风、三爪龙、三脚虎。

【识别特征】①多年生草本；匍匐茎多数，有柔毛。②小叶片倒卵形至菱状长圆形，先端圆钝，边缘有钝锯齿，两面皆有柔毛。③花单生长于叶腋花瓣倒卵形，黄色，先端圆钝；雄蕊心皮多数，离生；花托在果期膨大。④瘦果卵形。花期 6～8 月，果期 8～10 月。

【生长环境】生长于海拔 1 800 m 以下的山坡、河岸、草地、潮湿的地方。

【采收加工】夏秋采收，鲜用或洗净晒干。

【化学成分】含甲氧基去氢胆甾醇、没食子酸、熊果酸、委陵菜酸、刺梨甙、6-甲氧基柚皮素、杜鹃素等

【性味归经】微寒，甘、酸；花果有小毒。归肺、肝、大肠经。

【功能主治】清热解毒，散瘀消肿，凉血止血。用于热病，惊痫，咳嗽，吐血，咽喉肿痛，痢疾，痈肿，疔疮，蛇虫咬伤，感冒，黄疸，目赤，口疮，崩漏，月经不调，跌打肿痛。

龙芽草

【基　　源】蔷薇科植物龙牙草 *Agrimonia pilosa* Ledeb. 的干燥地上部分。

【药材名称】仙鹤草。

【别　　名】仙鹤草、脱力草、狼牙草、金顶龙牙、黄龙尾。

【识别特征】①多年生草本，茎被疏柔毛及短柔毛。②叶为间断奇数羽状复叶，小叶 3～4 对，叶柄被稀疏柔毛或短柔毛；小叶片倒卵形，顶端急尖至圆钝，基部楔形至宽楔形，边缘有急尖到圆钝锯齿，正面被疏柔毛，背面通常脉上伏生疏柔毛，有显著腺点。③花序穗状总状顶生，花瓣黄色，果实倒卵圆锥形。

【生长环境】生长于海拔 100～3 800 m 的溪边、路旁、草地、灌丛、林缘及疏林下。

【采收加工】夏、秋二季茎叶茂盛时采割，除去杂质，干燥。

【化学成分】含仙鹤草酚 A～G、木犀草苷、大波斯菊苷、仙鹤草素等。

【性味归经】涩、辛，平。归心、肝经。

【功能主治】收敛止血，截疟，止痢，解毒。用于咳血，吐血，崩漏下血，疟疾，血痢，脱力劳伤，痈肿疮毒，阴痒带下。

路 边 青

【基　　源】蔷薇科植物路边青 *Geum aleppicum* 的全草。

【药材名称】蓝布正。

【别　　名】水杨梅、头晕草。

【识别特征】①多年生草本。茎直立，被开展粗硬毛稀几无毛。②基生叶为大头羽状复叶，小叶 2～6 对，叶柄被粗硬毛，小叶大小极不相等，顶生小叶最大，菱状广卵形或宽扁圆形，顶端急尖或圆钝，基部宽心形至宽楔形，边缘常浅裂，有不规则粗大锯齿，两面绿色；茎生叶羽状复叶，顶生小叶披针形或倒卵披针形，顶端常渐尖或短渐尖，基部楔形；茎生叶托叶大，绿色，叶状，卵形，边缘有不规则粗大锯齿。③花序顶生，花瓣黄色，聚合果倒卵球形，瘦果被长硬毛。

【生长环境】生长于海拔 200～3 500 m 的山坡草地、沟边、地边、林间隙地及林缘。

【采收加工】夏、秋季采收全草。切碎，晒干或鲜用

【化学成分】叶和茎中含胡萝卜素、鞣质（20%以上）。根中含芳香苦味质、挥发油、水杨梅甙等。

【性味归经】甘、苦，凉。归肝、脾、肺经。

【功能主治】益气健脾，补血养阴，润肺化痰。用于气血不足，虚痨咳嗽，脾虚带下。

月 季 花

【基　　源】蔷薇科植物月季 *Rosa chinensis* Jacq. 的干燥花。

【药材名称】月季花。

【别　　名】月月红、月月花、四季花。

【识别特征】①直立灌木，小枝粗壮，圆柱形，近无毛，有短粗的钩状皮刺。
②小叶 3 ~ 5，稀 7，小叶片宽卵形至卵状长圆形先端长渐尖或渐
尖，基部近圆形或宽楔形，边缘有锐锯齿，两面近无毛，正面暗绿色，
常带光泽，背面颜色较浅，顶生小叶片有柄，侧生小叶片近无柄。
③花几朵集生，稀单生，花瓣重瓣至半重瓣，红色、粉红色至白色，
果卵球形或梨形，红色。

【生长环境】原产中国，各地普遍栽培。

【采收加工】全年均可采收，花微开时采摘，阴干或低温干燥。春季挖根，洗
净晒干。叶多鲜用。

【化学成分】花含挥发油，主要为牻牛儿醇、橙花醇、香茅醇及其葡萄糖甙。
另含没食子酸、槲皮甙、鞣质、色素等。

【性味归经】甘，温。归肝经。

【功能主治】活血调经，散毒消肿。用于月经不调，痛经，痈疖肿毒，淋巴结结核。

药用植物标本采集与制作技术

◎ 豆科

鸡 眼 草

【基　　源】豆科植物鸡眼草 *Ku mmerowia striata* (Thunb.) Schindl. 的全草。

【药材名称】鸡眼草。

【别　　名】人字草、三叶草、掐不齐、老鸦须、铺地锦。

【识别特征】①一年生草本，披散或平卧，多分枝，茎和枝上被倒生的白色细毛。②叶为三出羽状复叶；小叶纸质，倒卵形、长倒卵形或长圆形，较小，先端圆形，稀微缺，基部近圆形或宽楔形，全缘；两面沿中脉及边缘有白色粗毛。③花小，单生或2～3朵簇生长于叶腋；花萼钟状，带紫色，5裂，裂片宽卵形，具网状脉，外面及边缘具白毛；花冠粉红色或紫色，荚果圆形，稍侧扁。

【生长环境】生长于海拔500 m以下的路旁、田边、溪旁、砂质地或缓山坡草地。

【采收加工】夏秋采收，洗净切细晒干。亦可鲜用。

【化学成分】含有染料木素、异荭草素、异槲皮甙、异牡荆素、山柰酚、木犀草素-7-O-葡萄糖甙、槲皮素、芸香甙等。

【性味归经】甘、淡、微凉。归肝、脾、肺、肾经。

【功能主治】清热解毒，健脾利湿，活血止血。用于感冒发热，暑湿吐泻，黄疸，痈疖疮，痢疾，疳疾，血淋，咯血，衄血，跌打损伤，赤白带下。

合 欢

【基　　源】豆科植物合欢 *Albizia julibrissin* Durazz. 的干燥树皮。

【药材名称】合欢皮。

【别　　名】夜合树、绒花树、鸟绒树、绒树。

【识别特征】①落叶乔木，树冠开展，小枝有棱角，嫩枝、花序和叶轴被绒毛或短柔毛。②二回羽状复叶，羽片 4 ~ 12 对，小叶 10 ~ 30 对，线形至长圆形，向上偏斜，先端有小尖头，有缘毛。③头状花序于枝顶排成圆锥花序；花粉红色；荚果带状。

【生长环境】生长于山坡或栽培。

【采收加工】夏、秋二季剥取，晒干。

【化学成分】干皮中含木脂体糖甙：左旋 - 丁香树脂酚 -4-O-β-D- 呋喃芹菜糖基 -（1→2）-β-D- 吡喃葡萄糖甙、左旋 - 丁香树脂酚 -4-O-β-D- 呋喃芹菜糖基 -（1→2）-β-D- 吡喃葡萄糖基 -4′-O-β-D- 吡喃葡萄糖甙、左旋 - 丁香树脂酚 -4,4′-双-O-β-D- 呋喃芹菜糖基 -（1→2）-β-D- 吡喃葡萄糖甙、左旋 - 丁香树脂酚 -4-O-β-D- 吡喃葡萄糖甙、剑叶莎酸甲酯、金合欢酸内酯、剑叶莎酸内酯（machaerinic acid lactone），金合欢皂甙元 B 等。

【性味归经】甘，平。归心、肝经。

【功能主治】安神解郁，活血消痈。用于心神不安，忧郁，不眠，内外痈疮，跌打损伤。

药用植物标本采集与制作技术

野 葛

【基　　源】豆科植物野葛 *Pueraria lobata* (Willd.) Ohwi. 的干燥块根。

【药材名称】葛根。

【别　　名】甘葛、野葛。

【识别特征】①粗壮藤本，全体被黄色长硬毛，茎基部木质，有粗厚的块状根。②羽状复叶具3小叶，小叶三裂，偶尔全缘，顶生小叶宽卵形或斜卵形，先端长渐尖，侧生小叶斜卵形，稍小，正面被淡黄色、平伏的柔毛。背面较密；小叶柄被黄褐色绒毛。③总状花序，中部以上有颇密集的花；花2～3朵聚生长于花序轴的节上；花萼钟形，花冠紫色，荚果长椭圆形，扁平。

【生长环境】生长于山地疏或密林中。

【采收加工】秋、冬二季采挖，野葛多趁鲜切成厚片或小块：干燥；甘葛藤习称"粉葛"，多除去外皮，用硫黄熏后，稍干，截段或再纵切两半，干燥。

【化学成分】含大豆甙元、大豆甙、葛根素、染料木素、刺芒柄花素等。

【性味归经】甘、辛，平。归脾、胃经。

【功能主治】解肌退热，生津，透疹，升阳止泻。用于外感发热头痛、项背强痛、口渴，消渴，麻疹不透，热痢，泄泻；高血压颈项强痛。

香花崖豆藤

【基　源】豆科植物香花崖豆藤 *Millettia dielsiana* Harms ex Diels. 的藤茎。

【药材名称】鸡血藤。

【别　名】山鸡血藤、贯肠血藤、苦藤、猪婆藤、大活血过山龙、野奶豆。

【识别特征】①攀援灌木，茎皮灰褐色，剥裂，枝无毛或被微毛。②羽状复叶，小叶2对，纸质，披针形，长圆形至狭长圆形，先端急尖至渐尖，偶钝圆，基部钝圆，正面有光泽，几无毛，侧脉6～9对，细脉网状，两面均显著。③圆锥花序顶生，花冠紫红色，荚果线形至长圆形。

【生长环境】生长于海拔2500 m的山坡杂木林与灌丛中，或谷地、溪沟和路旁。

【采收加工】秋、冬二季采收，除去枝叶，切片，晒干。

【化学成分】藤茎含黄酮类，如刺芒柄花素、阿弗洛莫生、毛蕊异黄酮、大豆素、异甘草素元和染料木素等。

【性味归经】苦、微甘，温。归肝、肾经。

【功能主治】补血，活血，通络。用于月经不调，血虚萎黄，麻木瘫痪，风湿痹痛。

苦 参

【基　　源】豆科植物苦参 *Sophora flavescens* Ait. 的干燥根。

【药材名称】苦参。

【别　　名】地槐、白茎地骨、山槐、野槐。

【识别特征】①草本或亚灌木，通常高 1 m 左右，茎具纹棱。②羽状复叶，小叶 6 ~ 12 对，互生或近对生，纸质，形状多变，椭圆形、卵形、披针形至披针状线形，先端钝或急尖，基部宽楔开或浅心形，正面无毛，背面疏被灰白色短柔毛或近无毛，中脉背面隆起。③总状花序顶生，花多数，花萼钟状，花冠比花萼长 1 倍，白色或淡黄白色，荚果长 5 ~ 10 cm，呈不明显串珠状。

【生长环境】生长于海拔 1 500 m 以下的山坡、沙地草坡灌木林中或田野附近。

【采收加工】春、秋二季采挖，除去根头及小支根，洗净，干燥，或趁鲜切片，干燥。

【化学成分】根含生物碱：苦参碱、氧化苦参碱、N- 氧化槐根碱、槐定碱等，黄酮类化合物：苦参新醇、苦参查耳酮、苦参查耳酮醇、苦参醇、新苦参醇、苦参酮等。

【性味归经】苦，寒。归心、肝、胃、大肠、膀胱经。

【功能主治】清热燥湿，杀虫，利尿。用于热痢，便血，黄疸尿闭，赤白带下，阴肿阴痒，湿疹，湿疮，皮肤瘙痒，疥癣麻风；外治滴虫性阴道炎。

锦鸡儿

【基　　源】豆科植物锦鸡儿 *Caragana sinica* (Buchoz) Rehd. 的根和花。

【药材名称】锦鸡儿。

【别　　名】黄雀花、大绣花针、阳雀花、黄棘。

【识别特征】①落叶丛生灌木，枝开展，有棱，皮有丝状剥落。②托叶三角形，硬化成针刺，长 5～7 mm；小叶 2 对，羽状。③花单生，花萼钟状，花冠黄色。④荚果圆筒状。花期 4～5 月，果期 7 月。

【生长环境】生长于山坡和灌丛。喜光，常生长于山坡向阳处。

【采收加工】秋季挖根，洗净晒干或除去木心切片晒干。春季采花晒干。

【化学成分】含蜡酸，齐墩果酸，胡萝卜苷、5-羟基-7-甲氧基-3'，4'-二氧亚甲基异黄酮，芒柄花素等。

【性　　味】根：甘、微辛，平。花：甘，温。

【功能主治】根：滋补强壮，活血调经，祛风利湿。用于高血压病，头昏头晕，耳鸣眼花，体弱乏力，月经不调，带下病，乳汁不足，风湿关节痛，跌打损伤。花：祛风活血，止咳化痰。用于头晕耳鸣，肺虚咳嗽，小儿消化不良。

美丽胡枝子

【基　　源】豆科植物美丽胡枝子 *Lespedeza Formosa* (Vog.) Koehne 的茎叶。

【药材名称】美丽胡枝子。

【别　　名】三妹木、假蓝根、碎蓝本、沙牛木、夜关门。

【识别特征】①直立灌木，多分枝，枝伸展，被疏柔毛。②小叶椭圆形、长圆状椭圆形或卵形，两端稍尖或稍钝，正面绿色，稍被短柔毛，背面淡绿色，贴生短柔毛。③总状花序单一，腋生，花萼钟状，5深裂，花冠红紫色，荚果倒卵形。

【生长环境】生长于海拔2 800 m以下山坡、路旁及林缘灌丛中。

【采收加工】春至秋季采收。

【化学成分】含 β-谷甾醇、豆甾醇、白桦脂酸、油桐三萜酸、β-香树脂醇、白桦脂醇、熊果酸、槲皮素、芹菜素、黄芩素、杜鹃素，、山柰酚儿等。

【性味归经】茎、叶：苦，平。根：苦，平。归心、肝经。

【功能主治】清肺热，祛风湿，散瘀血。用于肺痈，风湿疼痛，跌打损伤。

白车轴草

【基　　源】豆科植物白车轴草 *Trifolium repens* L. 的全草。

【药材名称】白车轴草。

【别　　名】三消草、白三叶、金花草。

【识别特征】①多年生草本，茎匍匐蔓生，节上生根，全株无毛。②掌状三出复叶；托叶卵状披针形，膜质，基部抱茎成鞘状；叶柄较长，小叶倒卵形至近圆形，先端凹头至钝圆，基部楔形渐窄至小叶柄，中脉在背面隆起，侧脉约 13 对，与中脉作 50°角展开，两面均隆起。③花序球形，顶生，花冠白色、乳黄色或淡红色，具香气。荚果长圆形；种子通常 3 粒。

【生长环境】我国常见于种植，并在湿润草地、河岸、路边呈半自生状态。

【采收加工】6 ~ 7 月采收。

【化学成分】含多种三萜皂甙，有车轴草皂甙 I、II、III、IV、V 的甲酯，大豆皂甙 I 甲酯、大豆皂甙 II 甲酯、赤豆皂甙 II 甲酯、异黄酮等。

【性味归经】微甘，平。归心、脾经。

【功能主治】清热，凉血，宁心。用于癫痫，痔疮出血，硬结肿块。

截 叶 铁 扫 帚

【基　　源】豆科植物截叶铁扫帚 *Lespedeza cuneata* G. Don 的全草。

【药材名称】夜关门。

【别　　名】夜关门、半天雷、小叶胡枝子。

【识别特征】①小灌木，高达 1 m。茎直立或斜升，被毛，上部分枝；分枝斜上举。②叶密集，柄短；小叶楔形或线状楔形，先端截形成近截形，具小刺尖，基部楔形，正面近无毛，背面密被伏毛。③总状花序腋生，具 2～4 朵花；花冠淡黄色或白色。荚果宽卵形或近球形，被伏毛。

【生长环境】生长于海拔 2 500 m 以下的山坡路旁。

【化学成分】含大黄素、大黄酚；黄酮类、松醇、谷甾醇及琥珀酸等。

【性味归经】微苦，平。归肺、肝、肾经。

【功能主治】平肝明目，祛风利湿，散瘀消肿。用于病毒性肝炎，痢疾，慢性支气管炎，小儿疳积，风湿关节，夜盲，角膜溃疡，乳腺炎。

◎ 酢浆草科

酢 浆 草

【基　　源】酢浆草科植物酢浆草 *Oxalis corniculata* L. 的全草。

【药材名称】酢浆草。

【别　　名】酸浆草、酸酸草、斑鸠酸、三叶酸。

【识别特征】①草本，全株被柔毛。茎细弱，多分枝，直立或匍匐，匍匐茎节
　　　　　　上生根。②叶基生或茎上互生；小叶3，无柄，倒心形，先端凹入，
　　　　　　基部宽楔形，两面被柔毛或表面无毛。③花单生或数朵集为伞形花
　　　　　　序状，腋生，花瓣5，黄色，长圆状倒卵形，蒴果长圆柱形，5棱。

【生长环境】生长于山坡草池、河谷沿岸、路边、田边、荒地或林下阴湿处等。

【采收加工】四季可采，以夏秋有花果时采药效较好，除去泥沙，晒干。

【化学成分】含抗坏血酸、去氢抗坏血酸、牡荆素、异牡荆素等。

【性味归经】酸，寒。归大肠、小肠经。

【功能主治】解热利尿，消肿散瘀。用于泄泻，痢疾，黄疸，淋病，赤白带下，
　　　　　　麻疹，吐血，衄血，咽喉肿痛，疔疮，痈肿，疥癣，痔疾，脱肛，
　　　　　　跌打损伤，烫伤。

药用植物标本采集与制作技术

红花酢浆草

【基　　源】酢浆草科植物红花酢浆草 *Oxalis corymbosa* DC. 的全草。

【药材名称】红花酢浆草。

【别　　名】大叶酢浆草、三夹莲、铜锤草。

【识别特征】①多年生直立草本。②叶基生；叶柄长 5 ~ 30 cm，被毛；小叶 3，
　　　　　　扁圆状倒心形，顶端凹入，两侧角圆形，表面绿色，被毛或近无毛。
　　　　　　③总花梗基生，二歧聚伞花序，通常排列成伞形花序式；花瓣 5，
　　　　　　倒心形，淡紫色至紫红色。花、果期 3 ~ 12 月。

【生长环境】生长于低海拔的山地、路旁、荒地或水田中。

【采收加工】夏秋采，鲜用或晒干。

【化学成分】含 β- 谷甾醇、胡萝卜苷、草酸、酒石酸、苹果酸、柠檬酸等。

【性　　味】酸，寒。

【功能主治】清热解毒，散瘀消肿，调经。用于肾盂肾炎，痢疾，咽炎，牙痛，
　　　　　　月经不调，带下病；外用治毒蛇咬伤，跌打损伤，烧烫伤。

◎ 牻牛儿苗科

尼泊尔老鹳草

【基　　源】牻牛儿苗科植物尼泊尔老鹳草 *Geranium nepalense* Sweet 的全草。

【药材名称】老鹳草。

【别　　名】五叶草、老官草。

【识别特征】①多年生草本，高 30～50 cm。茎多数，细弱，多分枝，被倒生柔毛。
②叶对生或偶为互生，基生叶和茎下部叶具长柄，柄长为叶片的 2～3
倍，被开展的倒向柔毛；叶片五角状肾形，茎部心形，掌状 5 深裂，
先端锐尖或钝圆，基部楔形，中部以上边缘齿状浅裂或缺刻状，表
面被疏伏毛，背面被疏柔毛。③总花梗腋生，被倒向柔毛，每梗 2 花；
花瓣紫红色或淡紫红色，倒卵形，蒴果，果瓣被长柔毛。

【生长环境】生长于山地阔叶林林缘、灌丛、荒山草坡。

【采收加工】夏秋季果实将成熟时采收，割取地上部分或连根拔起，除去泥土
杂质，晒干。

【化学成分】含老鹳草鞣质、山柰酚 -7- 鼠李糖甙、山柰甙以及鞣花酸等。

【性　　味】苦、辛，平。

【功能主治】祛风，活血，清热解毒。用于风湿疼痛，拘挛麻木，痈疽，跌打，
肠炎，痢疾。

药用植物标本采集与制作技术

◎ 大戟科

地　锦

【基　　源】大戟科植物地锦 *Euphorbia humifusa* Willd 的干燥全草。

【药材名称】地锦草。

【别　　名】血见愁、奶汁草、红莲草、铁线马齿。

【识别特征】①一年生草本，常不分枝。茎匍匐，基部常红色或淡红色，被柔毛或疏柔毛。②叶对生，矩圆形或椭圆形，先端钝圆，基部偏斜，略渐狭，边缘常于中部以上具细锯齿；叶面绿色，叶背淡绿色，两面被疏柔毛。③花序单生长于叶腋，蒴果三棱状卵球形。

【生长环境】生长于原野荒地、路旁、田间、沙丘、海滩、山坡等地。

【采收加工】夏、秋二季采收，除去杂质，晒干。

【化学成分】含鞣质、没食子酸甲酯、槲皮素、槲皮素苷类和山柰素苷类等。

【性味归经】辛，平。归肺、肝、胃、大肠、膀胱经。

【功能主治】清热解毒，利湿退黄，活血止血。用于痢疾，泄泻，黄疸，咳血，吐血，尿血，便血，崩漏，乳汁不下，跌打肿痛及热毒疮疡。

斑 地 锦

【基　　源】大戟科植物斑地锦 *Euphorbia maculata* L. 的干燥全草。

【药材名称】地锦草。

【别　　名】血筋草。

【识别特征】①一年生匍匐小草本，高 15 ~ 25 cm，含白色乳汁。②叶小，对生，成 2 列，长椭圆形，先端具短尖头，基部偏斜，边缘中部以上疏生细齿，正面暗绿色，中央具暗紫色斑纹，背面被白色短柔毛。③杯状聚伞花序，单生长于枝腋和叶腋，呈暗红色。④蒴果三棱状卵球形，表面被白色短柔毛。种子卵形，具角棱。花期 5 ~ 6 月。果期 8 ~ 9 月。

【生长环境】生长于原野荒地、路旁、田间、沙丘、海滩、山坡等地。

【采收加工】夏、秋二季采收，除去杂质，晒干。

【化学成分】含鞣质、没食子酸甲酯、槲皮素、槲皮素苷类和山柰素苷类等。

【性味归经】辛，平。归肺、肝、胃、大肠、膀胱经。

【功能主治】清热解毒，利湿退黄，活血止血。用于痢疾，泄泻，黄疸，咳血，吐血，尿血，便血，崩漏，乳汁不下，跌打肿痛及热毒疮疡。

药用植物标本采集与制作技术

飞 扬 草

【基　　源】大戟科植物飞扬草 *Euphorbia hirta* L. 的全草。

【药材名称】飞扬草。

【别　　名】大飞扬、大乳汁草、节节花。

【识别特征】①一年生草本，全体有乳汁。茎基部膝曲状向上斜升，被粗毛。②单叶对生，具短柄；叶片披针状长圆形或长椭圆状卵形，先端急尖或钝，基部偏斜不对称，边缘有锯齿。③夏季开淡绿色或紫色小花，杯状聚伞花序多数排成紧密的腋生头状花序。④蒴果卵状三棱形，被贴伏的短柔毛。

【生长环境】生长于向阳山坡、山谷、路旁或丛林下，多见于砂质土壤上。

【采收加工】夏、秋采集，洗净、晒干。

【化学成分】含黄酮甙类：黄鼠李甙、槲皮甙；三萜类：蒲公英酮及蒲公英醇。尚含肌醇、没食子酸等。

【性　　味】微苦、微酸，凉。

【功能主治】清热解毒，利湿止痒。用于细菌性痢疾，阿米巴痢疾，肠炎，肠道滴虫，消化不良，支气管炎，肾盂肾炎；外用治湿疹、皮炎、皮肤瘙痒。

泽　漆

【基　　源】大戟科植物泽漆 *Euphorbia helioscopia* L. 的全草。

【药材名称】泽漆。

【别　　名】五朵云、猫眼草、五凤草。

【识别特征】①一年生或二年生草本，全株含乳汁。茎基部分枝，带紫红色。
②叶互生，倒卵形或匙形，先端微凹，无柄。茎顶有 5 片轮生的
叶状苞。③总花序多歧聚伞状，顶生。④蒴果无毛。种子卵形。花
期 4～5 月，果期 6～7 月。

【生长环境】生长于沟边、路旁、田野，分布于除新疆、西藏以外的全国各省区。

【采收加工】春夏采集全草，晒干入药。

【化学成分】槲皮素 -5，3- 二 -D- 半乳糖甙、泽漆皂甙、三萜、丁酸、泽漆醇、
β- 二氢岩藻甾醇，葡萄糖、果糖、麦芽糖等。乳汁含间 - 羟苯基
甘氨酸、3，5- 二羟基苯甲酸。

【性味归经】辛、苦，微寒。归肺、小肠、大肠经。

【功能主治】行水消肿，化痰止咳，解毒杀虫。用于水肿，肝硬化腹水，细菌
性痢疾；外用治淋巴结结核，结核性瘘管，神经性皮炎。

叶 下 珠

【基　　源】大戟科植物叶下珠 *Phyllanthus urinaria* L. 的全草。

【药材名称】叶下珠。

【别　　名】珍珠草、珠子草、夜合草、阴阳草、油柑草。

【识别特征】①一年生草本，茎直立，基部多分枝，枝倾卧而后上升；枝具翅
状纵棱。②叶片纸质，叶柄扭转而呈羽状排列，长圆形或倒卵形，
顶端圆、钝或急尖而有小尖头，背面灰绿色，近边缘或边缘有 1～3
列短粗毛；侧脉每边 4～5 条，明显。③花雌雄同株，雄花：2～4
朵簇生长于叶腋；雌花：单生长于小枝中下部的叶腋内；蒴果圆球
状，红色。

【生长环境】生长于海拔 500 m 以下旷野平地、旱田、山地路旁或林缘。

【采收加工】夏秋采集全草，去杂质，晒干。

【化学成分】含短叶苏木酚酸乙酯、短叶苏木酚、原儿茶酸、没食子酸等。

【性　　味】微苦、甘，凉。

【功能主治】清热利尿，明目，消积。用于肾炎水肿，泌尿系感染、结石，肠炎，
痢疾，小儿疳积，眼角膜炎，黄疸型肝炎。

蓖 麻

【基　源】大戟科植物蓖麻 *Ricinus co mmunis* L. 的种子。

【药材名称】蓖麻。

【别　名】红麻、草麻、八麻子、牛蓖。

【识别特征】①一年生粗壮草本或草质灌木，小枝、叶和花序通常被白霜，茎多液汁。②叶轮廓近圆形，掌状 7 ～ 11 裂，裂缺几达中部，顶端急尖或渐尖，边缘具锯齿；掌状脉 7 ～ 11 条。网脉明显；叶柄粗壮，中空，顶端具 2 枚盘状腺体，基部具盘状腺体。③总状花序或圆锥花序，子房卵状，密生软刺或无刺。蒴果卵球形或近球形，果皮具软刺或平滑；种子椭圆形，微扁平平滑，斑纹淡褐色或灰白色。

【生长环境】村旁疏林或河流两岸冲积地常有，多为野生，呈多年生灌木。

【化学成分】种子含蛋白质 18% ～ 26%、脂肪油 64% ～ 71%、碳水化合物、酚性物质、蓖麻毒蛋白及蓖麻碱等。

【性　味】叶：甘，辛，平；有小毒。

【功能主治】镇静解痉，祛风散瘀。用于破伤风，癫痫，风湿疼痛，跌打瘀痛瘰疬。

药用植物标本采集与制作技术

铁 苋 菜

【基　　源】大戟科植物铁苋菜 *Acalypha australis* L. 的全草。

【药材名称】铁苋菜。

【别　　名】海蚌含珠、血见愁。

【识别特征】①一年生草本，小枝细长，被贴毛柔毛。②叶膜质，长卵形、近菱状卵形或阔披针形，顶端短渐尖，基部楔形，稀圆钝，边缘具圆锯，正面无毛，背面沿中脉具柔毛；基出脉3条，侧脉3对。③雌雄花同序，花序腋生，雌花苞片卵状心形，蒴果。

【生长环境】生长于海拔20～1 200（～1 900）m 的平原或山坡较湿润耕地和空旷草地。

【采收加工】夏、秋季采割，除去杂质，晒干成药。

【化学成分】含生物碱、黄酮甙、酚类。

【性　　味】苦、涩，凉。

【功能主治】清热解毒，消积，止痢，止血。用于肠炎，细菌性痢疾。

算 盘 子

【基　　源】大戟科植物算盘子 *Glochidion puberum* L 的根、叶、果实。

【药材名称】算盘子。

【别　　名】算盘珠、野南瓜。

【识别特征】①直立灌木，多分枝；小枝灰褐色，均密被短柔毛。②叶片纸质
　　　　　　或近革质，长圆形、长卵形或倒卵状长圆形，顶端钝、急尖、短渐
　　　　　　尖或圆，基部楔形至钝，正面灰绿色，背面粉绿色；侧脉每边 5～7
　　　　　　条。③花小，雌雄同株或异株，2～5 朵簇生长于叶腋内，蒴果
　　　　　　扁球状，边缘有 8～10 条纵沟，成熟时带红色。

【生长环境】生长于海拔 300～2 200 m 山坡、溪旁灌木丛中或林缘。

【采收加工】根全年可采，切片晒干；叶夏秋采集，晒干。

【化学成分】种子含脂肪油 25.30%。脂肪酸组成：棕榈酸、硬脂酸、油酸、
　　　　　　亚油酸、亚麻酸等。

【性　　味】微苦、涩、凉。

【功能主治】清热利湿，祛风活络。用于感冒发热，咽喉痛，疟疾，急性胃肠炎，
　　　　　　消化不良，痢疾，风湿性关节炎，跌打损伤，带下病，痛经。

油 桐

【基　　源】大戟科植物油桐 *Vernicia fordii* (Hemsl.) 的根、叶、花、果壳及种子油。

【药材名称】油桐。

【别　　名】油桐树、桐油树、桐子树、光桐。

【识别特征】①落叶乔木，树皮灰色，近光滑；枝条粗壮，无毛，具明显皮孔。②叶卵圆形，顶端短尖，基部截平至浅心形，全缘，稀1～3浅裂，成长叶正面深绿色，无毛，背面灰绿色，掌状脉5～7条。③花雌雄同株，花瓣白色；核果近球状，果皮光滑。

【生长环境】栽培于海拔1 000 m以下丘陵山地。

【采收加工】根常年可采。夏秋采叶及凋落的花，晒干备用。冬季采果，将种子取出，分别晒干备用。

【性　　味】甘。有大毒。

【功能主治】根：消积驱虫，祛风利湿。用于蛔虫病、食积腹胀、风湿筋骨痛、湿气水肿。叶：解毒，杀虫。外用治疮疡、癣疥。花：清热解毒，生肌。外用治烧烫伤。

乌 柏

【基　　源】大戟科植物乌柏 *Sapium sebiferum* (L.) Roxb. 的根皮、树皮、叶。

【药材名称】乌柏。

【别　　名】腊子树、柏子树、木子树。

【识别特征】①乔木，具乳状汁液；树皮暗灰色，有纵裂纹；枝具皮孔。②叶互生，纸质，叶片菱形、菱状卵形或稀有菱状倒卵形，基部阔楔形或钝，全缘；中脉两面微凸起，侧脉6～10对，网状脉明显。③花单性，雌雄同株，聚集成顶生的总状花序，蒴果梨状球形，成熟时黑色。

【生长环境】生长于旷野、塘边或疏林中。

【采收加工】根皮及树皮四季可采，切片晒干；叶多鲜用。

【化学成分】根含花椒素、鞣花酸。叶含没食子酸甲酯、β-谷甾醇等。

【性味归经】苦，微温。归肺、脾、肾、大肠经。

【功能主治】杀虫，解毒，利尿，通便。用于血吸虫病，肝硬化腹水，大小便不利，毒蛇咬伤。

药用植物标本采集与制作技术

◎ 芸香科

酸　橙

【基　　源】芸香科植物酸橙 *Citrus aurantium* L. 及其栽培变种的干燥未成熟果实。

【药材名称】枳壳。

【别　　名】香圆，枳壳。

【识别特征】①小乔木，枝叶密茂，刺多。②叶色浓绿，质地颇厚，翼叶倒卵形，基部狭尖。③总状花序有花少数，兼有腋生单花，花蕾椭圆形或近圆球形；花大小不等，果圆球形或扁圆形，果皮稍厚，难剥离，橙黄至朱红色，油胞大小不均匀，凹凸不平，果心实或半充实，瓤囊10～13瓣，果肉味酸。

【生长环境】秦岭南坡以南各地有栽种。

【采收加工】7月果皮尚绿时采收，自中部横切为两半，晒干或低温干燥。

【化学成分】含挥发油和黄酮甙等物质，如新橙皮甙、辛弗林和N-甲基酪胺等。

【性味归经】苦、辛、酸，温。归脾、胃经。

【功能主治】理气宽中，行滞消胀。用于胸胁气滞，胀满疼痛，食积不化，痰饮内停；胃下垂，脱肛，子宫脱垂。

吴茱萸

【基　　源】芸香科植物吴茱萸 *Evodia rutaecarpa* (Juss.) Benth. 的干燥近成熟果实。

【药材名称】吴茱萸。

【别　　名】吴萸、茶辣、漆辣子、臭辣子树、米辣子。

【识别特征】①小乔木或灌木，嫩枝暗紫红色，被灰黄或红锈色绒毛。②叶有小叶 5 ~ 11 片，小叶薄至厚纸质，卵形，椭圆形或披针形，小叶两面及叶轴被长柔毛，毛密如毡状，油点大且多。③花序顶生，果密集或疏离，暗紫红色，有大油点。

【生长环境】生长于平地至海拔 1 500 m 的山地疏林或灌木丛中，多见于向阳坡地。

【采收加工】8 ~ 11 月果实尚未开裂时，剪下果枝，晒干或低温干燥，除去枝、叶、果梗等杂质。

【化学成分】含吴茱萸碱、吴茱萸次碱、羟基吴茱萸碱、柠檬内酯、辛弗林、吴茱萸烯等。

【性味归经】辛、苦，热；有小毒。归肝、脾、胃、肾经。

【功能主治】散寒止痛，降逆止呕，助阳止泻。用于厥阴头痛，脏寒吐泻，脘腹胀痛，经行腹痛，五更泄泻，高血压症，脚气，疝气，口疮溃疡，齿痛，湿疹，黄水疮。

花 椒

【基　　源】芸香科植物花椒 *Zanthoxylum bungeanum* maxim. 的果实。

【药材名称】花椒。

【别　　名】香椒、大花椒、青椒、山椒。

【识别特征】①落叶小乔木；茎干上的刺常早落，枝有短刺。②叶有小叶 5～13
　　　　　　片，叶轴常有甚狭窄的叶翼；小叶对生，无柄，卵形，椭圆形，位
　　　　　　于叶轴顶部的较大，叶缘有细裂齿，齿缝有油点。③花序顶生或生
　　　　　　长于侧枝之顶，花序轴及花梗密被短柔毛或无毛；花被片 6～8 片，
　　　　　　黄绿色，果紫红色。

【生长环境】生长于平原至海拔较高的山地。

【采收加工】秋季采收成熟果实，晒干，除去种子及杂质。

【化学成分】含挥发油，挥发油中含柠檬烯、枯醇、牻牛儿醇、植物甾醇及不
　　　　　　饱和脂肪酸。

【性味归经】辛，温。归脾、胃、肾经。

【功能主治】温中止痛，杀虫止痒。用于脘腹冷痛，呕吐泄泻，虫积腹痛，蛔虫症；
　　　　　　外治湿疹瘙痒。

◎ 楝科

楝

【基　　源】楝科植物楝 *Melia azedarach* L. 的树皮和根皮。

【药材名称】苦楝皮。

【别　　名】苦楝、楝树、紫花树。

【识别特征】①落叶乔木，树皮灰褐色，纵裂。②叶为2～3回奇数羽状复叶；小叶对生，卵形、椭圆形至披针形，先端短渐尖，基部楔形或宽楔形，多少偏斜，边缘有钝锯齿，侧脉每边12～16条。③圆锥花序约与叶等长，花芳香，花瓣淡紫色，核果球形至椭圆形。

【生长环境】生长于低海拔旷野、路旁或疏林中，目前已广泛栽培。

【采收加工】春、秋二季剥取，晒干，或除去粗皮，晒干。

【化学成分】含5-羟甲基糠醛、原儿茶醛、芦丁等。

【性味归经】苦，寒，有小毒；归肝、脾、胃经。

【功能主治】舒肝行气止痛，驱虫疗癣。用于蛔虫病，虫积腹痛，疥癣瘙痒。

药用植物标本采集与制作技术

◎ 凤仙花科

凤 仙 花

【基　　源】凤仙花科植物凤仙花 *Impatiens balsamina* L. 的干燥成熟种子。

【药材名称】急性子。

【别　　名】透骨草、凤仙花、指甲花。

【识别特征】①一年生草本，茎粗壮，肉质，直立，下部节常膨大。②叶互生，
叶片披针形、狭椭圆形或倒披针形，先端尖或渐尖，基部楔形，边
缘有锐锯齿，侧脉 4 ～ 7 对。③花单生或 2 ～ 3 朵簇生长于叶腋，
无总花梗，白色、粉红色或紫色，花梗长 2 ～ 2.5 cm，密被柔毛；
基部急尖成长 1 ～ 2.5 cm 内弯的距。④蒴果宽纺锤形。种子多数，
圆球形，黑褐色。花期 7 ～ 10 月。

【生长环境】我国各地庭园广泛栽培，为习见的观赏花卉。

【采收加工】夏、秋季果实即将成熟时采收，晒干，除去果皮及杂质。

【化学成分】种子含脂肪油 17.9%，油内含十八碳四烯酸约 27%。又含甾醇
类成分：凤仙甾醇，α- 菠菜甾醇，β- 谷甾醇。还含三萜类成分：
β- 香树脂醇，凤仙萜四醇 -A 等。

【性味归经】微苦、辛，温；有小毒。归肺、肝经。

【功能主治】破血软坚，消积。用于癥瘕痞块，经闭，噎膈。

◎ 漆树科

盐 肤 木

【基　　源】漆树科植物盐肤木 *Rhus chinensis* mill. 的根、叶。

【药材名称】盐肤木。

【别　　名】五倍子树、五倍柴、盐霜柏、盐酸木。

【识别特征】①落叶小乔木或灌木，小枝棕褐色，被锈色柔毛。②奇数羽状复叶，
　　　　　　叶轴具宽的叶状翅，小叶自下而上逐渐增大，密被锈色柔毛；叶面
　　　　　　暗绿色，叶背粉绿色，被白粉。③圆锥花序，花白色，核果球形，
　　　　　　略压扁。

【生长环境】生长于海拔 170 ~ 2 700 m 的向阳山坡、沟谷、溪边的疏林或
　　　　　　灌丛中。

【采收加工】根全年可采，夏秋采叶，晒干。

【化学成分】根茎中含 3，7，4'—三羟基黄酮、3，7，3'，4'—四羟基黄酮、
　　　　　　没食子酸、没食子酸乙酯、水黄皮黄素、槲皮素；叶含槲皮苷、没
　　　　　　食子酸甲酯、盐肤木酸等。

【性　　味】酸、咸，寒。

【功能主治】清热解毒，散瘀止血。用于感冒发热，支气管炎，咳嗽咯血，肠炎，
　　　　　　痢疾，痔疮出血。

◎ 冬青科

枸　骨

【基　　源】冬青科植物枸骨 *Ilex cornuta* Lindl. et Paxt. 的叶。

【药材名称】枸骨叶。

【别　　名】老虎刺、猫儿刺。

【识别特征】①常绿灌木或小乔木。②叶片厚革质，二型，四角状长圆形或卵
形，先端具 3 枚尖硬刺齿，中央刺齿常反曲，基部圆形或近截形，
两侧各具 1 ~ 2 刺齿，叶面深绿色，具光泽，背淡绿色，无光泽，
两面无毛，主脉在正面凹下，背面隆起。③花序簇生长于二年生枝
的叶腋内，花淡黄色，4 基数；果球形，成熟时鲜红色，基部具四
角形宿存花萼。

【生长环境】生长于海拔 150 ~ 1 900 m 的山坡、丘陵等的灌丛、疏林中以
及路边、溪旁和村舍附近。

【采收加工】秋季采收，除去杂质，晒干。

【化学成分】含 6，7-二甲氧基香豆素、三萜烯、咖啡因、皂苷、鞣质、苦味质。

【性味归经】微苦，凉。归肝、肾经。

【功能主治】清热养阴，平肝，益肾。用于肺痨咯血，骨蒸潮热，头晕目眩，
高血压。

卫 矛

【基　　源】卫矛科植物卫矛 *Euonymus alatus* (Thunb.) Sieb 的具翅状物的枝条或翅状附属物。

【药材名称】卫矛。

【别　　名】鬼箭羽、六月凌、四面锋、蓖箕柴、四棱树。

【识别特征】①灌木小枝常具 2 ~ 4 列宽阔木栓翅。②叶卵状椭圆形、窄长椭圆形，边缘具细锯齿，两面光滑无毛。③聚伞花序 1 ~ 3 花；花白绿色，花瓣近圆形；蒴果。

【生长环境】生长于山坡、沟地边沿。

【采收加工】全年采根，夏秋采带翅的枝及叶，晒干。

【化学成分】含豆甾醇、卫矛醇及香橙素、D- 儿茶素、支氢双儿茶素等成分。

【性味归经】苦、辛，寒。归肝经。

【功能主治】行血通经，散瘀止痛。用于月经不调，产后淤血腹痛，跌打损伤肿痛。

南 蛇 藤

【基　　源】卫矛科植物南蛇藤 *Celastrus orbiculatus* Thunb. 的藤茎。

【药材名称】南蛇藤。

【别　　名】过山枫、挂廊鞭、香龙草。

【识别特征】①小枝光滑无毛，灰棕色或棕褐色，具稀而不明显的皮孔。②叶阔倒卵形，近圆形或长方椭圆形，先端圆阔，具有小尖头或短渐尖，基部阔楔形到近钝圆形，边缘具锯齿，侧脉 3 ~ 5 对。③聚伞花序腋生，小花 1 ~ 3 朵，花瓣倒卵椭圆形，蒴果近球状。

【生长环境】生长于海拔 450 ~ 2 200 m 的山坡灌丛。

【采收加工】全年采收。

【化学成分】含 β-二氢沉香呋喃倍半萜多醇酯、生物碱，尚含三萜类、黄酮类、有机酸类、多元醇类、甾体类及鞣质。

【性　　味】辛，温。

【功能主治】祛风除湿，通经止痛，活血解毒。用于风湿关节炎，跌打损伤，腰腿痛，闭经。

◎ 省沽油科

野 鸦 椿

【基　　源】省沽油科植物野鸦椿 *Euscaphis japonica* (Thunb.) Dippel 的果实和
种子。

【药材名称】野鸦椿。

【别　　名】鸡眼睛、鸡肫子、鸡胗花。

【识别特征】①落叶小乔木或灌木，树皮灰褐色，具纵条纹，枝叶揉碎后发出
恶臭气味。②叶对生，奇数羽状复叶，厚纸质，长卵形或椭圆形，
先端渐尖，基部钝圆，边缘具疏短锯齿，主脉在正面明显，在背面
突出，侧脉 8～11 条。③圆锥花序顶生，花多，较密集，黄白色；
蓇葖果，果皮软革质，紫红色。

【生长环境】生长于海拔 500 m 以上的山地、山谷、河边的灌木丛或阔叶林中。

【采收加工】8～9 月采收成熟果实或种子，晒干。

【化学成分】叶含山奈酚 -3- 葡萄糖甙、槲皮素 -3- 葡萄糖甙；果含异槲皮甙、
矢车菊素 -3- 木糖 - 葡萄糖甙、紫云英甙、山奈酚 -3- 葡萄糖甙、
槲皮素 -3- 葡萄糖甙等。

【性　　味】辛，温。

【功能主治】温中理气，消肿止痛。用于胃痛，寒疝，泻痢，脱肛，子宫下垂，
睾丸肿痛。

药用植物标本采集与制作技术

◎ 葡萄科

爬 山 虎

【基　　源】葡萄科植物爬山虎 *Parthenocissus tricuspidata* (S.et Z.) Planch. 的根、茎。

【药材名称】爬山虎。

【别　　名】爬墙虎、飞天蜈蚣、假葡萄藤。

【识别特征】①多年生大型落叶木质藤本植物。②叶互生，小叶肥厚，基部楔形，变异很大，边缘有粗锯齿，叶片及叶脉对称。花枝上的叶宽卵形，叶绿色，无毛，背面具有白粉。③花多为两性，雌雄同株，聚伞花序常着生长于两叶间的短枝上，花5数；浆果小球形，熟时蓝黑色，被白粉。

【生长环境】多攀援于岩石、大树、墙壁上和山上。

【采收加工】落叶前采茎，切段晒干，根全年可采。

【化学成分】叶含矢车菊素。

【性　　味】甘、涩，温。全草有毒。

【功能主治】祛风通络，活血解毒。用于风湿关节痛；外用跌打损伤，痈疖肿毒。

乌蔹莓

【基　　源】葡萄科植物乌蔹莓 *Cayratia japonica* (Thunb.) Gagnep. 的全草或根。

【药材名称】乌蔹莓。

【别　　名】乌蔹草、五叶藤、五爪龙、母猪藤。

【识别特征】①草质藤本。小枝圆柱形，有纵棱纹，卷须 2 ~ 3 叉分枝，相隔 2 节间断与叶对生。②叶为鸟足状 5 小叶，中央小叶长椭圆形或椭圆披针形，顶端急尖或渐尖，基部楔形，侧生小叶椭圆形或长椭圆形，顶端急尖或圆形，基部楔形，边缘每侧有 6 ~ 15 个锯齿，正面绿色，背面浅绿色，侧脉 5 ~ 9 对。③花序腋生，复二歧聚伞花序；花瓣 4，三角状卵圆形，果实近球形。

【生长环境】生长于海拔 300 ~ 2 500 m 的山谷林中或山坡灌丛。

【采收加工】夏、秋采收。

【化学成分】含阿拉伯聚糖、黏液质、甾醇、氨基酸、酚性成分、黄酮类等。

【性味归经】酸、苦，寒。归心、肝、胃经。

【功能主治】清热解毒，活血散瘀，利尿。用于痈肿，疔疮，疟腮，丹毒，风湿痛，黄疸，痢疾，尿血，白浊，咽喉肿痛，疖肿，痈疽，跌打损伤，毒蛇咬伤。

药用植物标本采集与制作技术

◎ 锦葵科

木 槿

【基　　源】锦葵科植物木槿 *Hibiscus syriacus* Linn. 的茎皮、花。

【药材名称】木槿皮、木槿花。

【别　　名】朝开暮落花、玉蒸、白玉花。

【识别特征】①落叶灌木，小枝密被黄色星状绒毛。②叶菱形至三角状卵形，具深浅不同的3裂或不裂，先端钝，基部楔形，边缘具不整齐齿缺，正面被星状柔毛，托叶线形，疏被柔毛。③花单生长于枝端叶腋间，花萼钟形，裂片5，三角形；花钟形，淡紫色；蒴果卵圆形。

【生长环境】生长于我国中部各省。

【采收加工】春、夏砍伐茎枝，剥皮晒干。

【化学成分】含皂草黄苷、肌醇、黏液质。

【性味归经】茎皮：甘，平。归大肠经。花：苦、寒。

【功能主治】茎皮：杀虫治癣。用于皮肤疥癣等症。花：清热解毒。用于痢疾，泄泻，带下病等。

木芙蓉

【基　源】锦葵科植物木芙蓉 *Hibiscus mutabilis* Linn. 的根及根皮、叶。

【药材名称】芙蓉根，芙蓉叶。

【别　名】芙蓉花、拒霜花、木莲、地芙蓉。

【识别特征】①落叶灌木或小乔木；小枝、叶柄、花梗和花萼均密被星状毛与直毛相混的细绵毛。②叶宽卵形至圆卵形或心形，常 5～7 裂，裂片三角形，先端渐尖，具钝圆锯齿，正面疏被星状细毛和点，背面密被星状细绒毛；主脉 7～11 条。③花单生长于枝端叶腋间，萼钟形，裂片 5，卵形；花初开时白色或淡红色，后变深红色，花瓣近圆形。蒴果扁球形，被淡黄色刚毛和绵毛。

【生长环境】黄河流域至华南各省均有栽培。

【采收加工】秋季采挖，或剥取根皮，均洗净，切片，晒干。

【化学成分】含黄酮甙：异槲皮甙、金丝桃甙、芸香甙、绣线菊甙、槲皮黄甙等；花色甙有矢车菊素 3,5- 二葡萄糖甙、矢车菊素 -3- 芸香糖甙 -5- 葡萄糖甙、山柰酚等。

【性味归经】根及根皮：辛、微苦，凉；归心、肺、肝经。叶：凉、辛。

【功能主治】根及根皮：清热解毒，凉血消肿。用于痈疽肿毒初起，臁疮，目赤肿痛，肺痈，咳喘，赤白痢疾，妇人带下病，肾盂肾炎。叶：清肺凉血，消肿排脓。用于肺热咳嗽、肥厚性鼻炎、淋巴结炎、阑尾炎、痈疖脓肿、急性中耳炎、烧伤、烫伤。

咖 啡 黄 葵

【基　　源】锦葵科植物咖啡黄葵 *Abelmoschus esculentus* (Linn.) Moench 的根、叶、花或种子。

【药材名称】秋葵。

【别　　名】补肾菜、羊角豆、洋辣椒、咖啡黄葵。

【识别特征】①一年生草本植物，主茎直立，赤绿色，圆柱形，基部节间较短。②叶掌状 5 裂，互生，叶身有茸毛或刚毛，叶柄细长，中空。③花大而黄，着生长于叶腋；果为蒴果，先端细尖，略有弯曲，形似羊角。

【生长环境】各地引种栽培。

【采收加工】根于 11 月到第 2 年 2 月前挖取，抖去泥土，晒干或炕干。叶于 9～10 月采收，晒干。花于 6～8 月采摘，晒干。种子于 9～10 月果成熟时采摘，脱粒，晒干。

【化学成分】含色氨酸、鸟嘌呤脱氧核苷、次黄嘌呤、3，4-二羟基苯甲酸甲酯、3′-脱氧次黄嘌呤核苷、胸腺嘧啶脱氧核苷、次黄苷、胡萝卜苷等。

【性　　味】淡，寒。

【功能主治】利咽，通淋，下乳，调经。用于咽喉肿痛，小便淋涩，产后乳汁稀少，月经不调。

南 岭 荛 花

【基　　源】瑞香科植物南岭荛花 *Wikstroemia indica* (Linn.) C. A. mey 的茎、叶。

【药材名称】了哥王。

【别　　名】九信菜、鸡子麻、山黄皮、鸡杜头、南岭荛花。

【识别特征】①灌木，小枝红褐色，无毛。②叶对生，纸质至近革质，倒卵形、椭圆状长圆形或披针形，先端钝或急尖，基部阔楔形或窄楔形。③花黄绿色，数朵组成顶生头状总状花序，果椭圆形，成熟时红色至暗紫色。

【生长环境】生长于海拔 1 500 m 以下地区的开阔林下或石山上。

【化学成分】根皮含南荛甙、荛花酚、牛蒡酚、罗汉松脂素等。双白瑞香素为具有抗癌活性的物质。

【性　　味】辛，寒；有毒。

【功能主治】清热解毒，化痰散结，通经利水。根、根皮：用于扁桃体炎，腮腺炎，淋巴结炎，支气管炎，哮喘，肺炎，风湿性关节炎，跌打损伤，麻风，闭经，水肿。叶：外用治急性乳腺炎，蜂窝织炎。

匍 伏 堇

【基　　源】堇菜科植物匍伏堇 *Viola diffusa* Ging. 的全草。

【药材名称】地白草。

【别　　名】七星莲、黄瓜草、白地黄瓜、黄瓜菜。

【识别特征】①一年生草本，全体被糙毛或白色柔毛，匍匐枝先端具莲座状叶丛，通常生不定根。②基生叶多数，丛生呈莲座状，叶片卵形或卵状长圆形，先端钝或稍尖，基部宽楔形或截形，边缘具钝齿及缘毛。③花较小，淡紫色或浅黄色，生长于基生叶或匍匐枝叶丛的叶腋间；蒴果长圆形。

【生长环境】生长于山地林下、林缘、草坡、溪谷旁、岩石缝隙中。

【采收加工】夏、秋季挖取全草，洗净，除去杂质，晒干或鲜用。

【性味归经】苦、辛，寒。归肺、肝经。

【功能主治】清热解毒，散瘀消肿，止咳。用于疮疡肿毒，眼结膜炎，肺热咳嗽，百日咳，黄疸型肝炎，带状疱疹，水火烫伤，跌打损伤，骨折，毒蛇咬伤。

紫花地丁

【基　　源】董菜科植物紫花地丁 *Viola yedoensis* makino 的全草。

【药材名称】紫花地丁。

【别　　名】野董菜、箭头草、宝剑草、犁头草、紫地丁。

【识别特征】①多年生草本，无地上茎，根状茎短，垂直，淡褐色，节密生。
②叶多数，基生，莲座状；叶片下部者通常较小，呈三角状卵形或
狭卵形，上部者较长，呈长圆形、狭卵状披针形或长圆状卵形，先
端圆钝，基部截形或楔形，边缘具较平的圆齿。③花中等大，紫董
色或淡紫色，花瓣倒卵形或长圆状倒卵形；蒴果长圆形，无毛。

【生长环境】生长于田间、荒地、山坡草丛、林缘或灌丛中。

【采收加工】春、秋二季来收，除去杂质，晒干。

【化学成分】全草含秦皮乙素、东莨菪素、菊苣苷、秦皮甲素、双七叶内酯；
另含黄酮类成分，即槲皮素 -3-O- β-D- 葡萄糖苷、山奈酚 -3-
O-β-D- 葡萄糖苷、芹菜素；以及甾醇类，即 β- 谷甾醇、胡萝
卜苷等。

【性味归经】苦、辛，寒。归心、肝经。

【功能主治】清热解毒，凉血消肿。用于疔疮肿毒，痈疽发背，丹毒，毒蛇咬伤。

◎ 胡颓子科

胡 颓 子

【基　　源】胡颓子科植物胡颓子 *Elaeagnus pungens* Thunb. 的根、叶及果实。

【药材名称】胡颓子。

【别　　名】半春子、甜棒槌、雀儿酥、羊奶子。

【识别特征】①常绿直立灌木，具刺，刺顶生或腋生，深褐色。②叶革质，椭圆形或阔椭圆形，两端钝形或基部圆形，边缘微反卷或皱波状，侧脉 7～9 对，正面显著凸起，背面不清晰。③花白色或淡白色，果实椭圆形，成熟时红色。

【生长环境】生长于海拔 1 000 m 以下的向阳山坡或路旁。

【采收加工】夏季采叶，四季采根，立夏果实成熟时采果。分别晒干。

【化学成分】叶含黄酮和生物碱，另含羽扇豆醇、豆甾 -4 - 烯 - 3，6- 二酮、水杨酸、没食子酸、香草酸、山柰酚等。

【性　　味】根：苦，平。叶：微苦，平。果：甘、酸，平。

【功能主治】根：祛风利湿，行瘀止血。用于传染性肝炎，小儿疳积，风湿关节痛，咯血，吐血，便血，崩漏，带下病，跌打损伤。叶：止咳平喘。用于支气管炎，咳嗽，哮喘。果：消食止痢。用于肠炎，痢疾，食欲不振。

栝　楼

【基　　源】葫芦科植物栝楼 Trichosanthes kirilowii maxim. 的干燥成熟果实。

【药材名称】瓜蒌（果实）、瓜蒌皮（果皮）、瓜蒌子（种子）、天花粉（根）。

【别　　名】瓜蒌、药瓜。

【识别特征】①攀援藤本，茎较粗，多分枝，具纵棱及槽，被白色伸展柔毛。②叶片纸质，轮廓近圆形，常 3～5（～7）浅裂至中裂，裂片菱状倒卵形、长圆形，先端钝，急尖，边缘常再浅裂，叶基心形，上表面深绿色，粗糙，背面淡绿色，基出掌状脉 5 条，卷须 3～7 歧，被柔毛。③花雌雄异株。雄总状花序单生，花冠白色；雌花单生，花萼筒圆筒形，裂片和花冠同雄花；果实椭圆形或圆形，成熟时黄褐色或橙黄色。

【生长环境】生长于海拔 200～1 800 m 的山坡林下、灌丛中、草地和村旁田边。

【采收加工】秋季果实成熟时，连果梗剪下，置通风处阴干。

【化学成分】栝楼仁含皂甙、有机酸及其盐、树脂、脂肪油及色素。果实含三萜皂甙、有机酸、树脂、糖类和色素。

【性味归经】甘、微苦，寒。归肺、胃、大肠经。

【功能主治】果实：清热涤痰，宽胸散结，润燥滑肠。用于肺热咳嗽，痰浊黄稠，胸痹心痛，结胸痞满，乳痈，肺痈，肠痈，大便秘结。种子：润肺化痰，滑肠通便。用于燥咳痰黏，肠燥便秘。皮：清热化痰，利气宽胸。用于痰热咳嗽，胸闷胁痛。根：清热泻火，生津止渴，消肿排脓。用于热病烦渴，肺热燥咳，内热消渴，疮疡肿毒。

绞 股 蓝

【基　　源】葫芦科植物绞股蓝 *Gynoste mma pentaphyllum* (Thunb.) mak. 的干燥地上部分。

【药材名称】绞股蓝。

【别　　名】遍地生根、七叶胆、五叶参、七叶参、小苦药。

【识别特征】①草质攀援植物；茎细弱，具分枝，具纵棱及槽。②叶膜质或纸质，鸟足状，通常 5 ~ 7 小叶，小叶片卵状长圆形或披针形，侧生小叶较小，先端急尖或短渐尖，基部渐狭，边缘具波状齿或圆齿状牙齿，正面深绿色，背面淡绿色，两面均疏被短硬毛，侧脉 6 ~ 8 对，卷须纤细，2 歧。③花雌雄异株。雄花圆锥花序，花冠淡绿色或白色，5 深裂；雌花圆锥花序远较雄花之短小，花萼及花冠似雄花；果实肉质不裂，球形，成熟后黑色。

【生长环境】生长于海拔300 ~ 3 200 m 的山谷密林、山坡疏林或路旁草丛中。

【采收加工】8 ~ 9月结果前采收，除去杂质，洗净，阴干或低温烘干。

【化学成分】含绞股蓝苷、绞股蓝皂苷 TN-1、TN-2 等。

【性味归经】苦、微甘，凉。归肺、脾、肾经。

【功能主治】益气健脾，化痰止咳，清热解毒。用于体虚乏力，虚劳失精，白细胞减少症，高脂血症，病毒性肝炎，慢性胃肠炎，慢性气管炎。

◎ 石榴科

石 榴

【基　　源】石榴科植物石榴 *Punica granatum* L. 的干燥果皮。

【药材名称】石榴皮。

【别　　名】安石榴、海榴。

【识别特征】①落叶灌木或乔木，枝顶常成尖锐长刺。②叶通常对生，纸质，
矩圆状披针形，顶端短尖、钝尖或微凹，基部短尖至稍钝形，正
面光亮，叶柄短。③花大，1～5 朵生枝顶；萼筒红色或淡黄色，
花瓣通常大，红色、黄色或白色，浆果近球形。

【生长环境】生长于山坡向阳处或栽培于庭园。

【采收加工】秋季果实成熟收集果皮，晒干。

【化学成分】含鞣质 10.4%～21.3%、甘露醇、没食子酸、苹果酸、异槲皮甙等。

【性味归经】酸、涩、温。归大肠经。

【功能主治】涩肠止泻，止血，驱虫。用于久泻，久痢，便血，脱肛，崩漏，
带下病，虫积腹痛。

◎ 野牡丹科

肥 肉 草

【基　　源】野牡丹科植物肥肉草 *Fordiophyton fordii* (Oliv.) Krass. 的全草。

【药材名称】肥肉草。

【别　　名】异药花、臭骨草、峨眉异药花。

【识别特征】①草本或亚灌木，茎四棱形，常具槽，棱上常具狭翅，无毛，通
常不分枝。②叶对生，叶片膜质，多为扩披针形、卵形至卵状长椭
圆形，边缘具细锯齿，齿尖具刺毛，基出脉 5 ~ 7 条，叶面无毛
或有时于基出脉行间具极疏的细糙伏毛，基出脉平整，侧脉不明显，
背面无毛，密布白色小腺点，脉隆起；叶柄长 2 ~ 6 cm，肉质，
具槽，边缘具狭翅，与叶片连接处多少具刺毛。③聚伞花序组成圆
锥花序，顶生，花瓣深红色至紫色。④蒴果倒圆锥形，具四棱，宿
存萼与果同形。

【生长环境】生长于海拔 540 ~ 1 700 m 的山谷，疏、密林下，荫湿的地方
或水旁，或山坡草地土质肥厚和湿润的地方。

【采收加工】夏、秋季采收，晒干或鲜用。

【化学成分】含 5-羟甲基糠醛、吐叶醇、白桦脂酸、2α-羟基乌索酸等。

【性　　味】苦、甘，凉。

【功能主治】活血化瘀，清热解毒，凉血消肿。用于吐血，痢疾，肠炎。

地 菍

【基　　源】野牡丹科植物地菍 *Melastoma dodecandrum* Lour. 的全草或根。

【药材名称】地菍。

【别　　名】铺地锦、山地菍、山辣茄、土茄子、地蒲根、地枇杷。

【识别特征】①小灌木，茎匍匐上升，逐节生根，分枝多，披散。②叶片坚纸质，
卵形或椭圆形，顶端急尖，基部广楔形，全缘或具密浅细锯齿，3～5
基出脉，侧脉互相平行；叶柄被糙伏毛。③聚伞花序，顶生，有花
1～3朵，花瓣淡紫红色至紫红色，果坛状、球状，平截，肉质，
不开裂。

【生长环境】生长于海拔1 250 m以下的山坡矮草丛中，为酸性土壤常见的植物。

【采收加工】秋季采根或全草，洗净晒干。

【化学成分】果、叶含鞣质。

【性　　味】涩、甘、平。

【功能主治】活血止血，消肿祛瘀，清热解毒。用于治疗高热，肿痛，咽喉肿痛，
牙痛，赤白血痢疾，水肿，痛经，崩漏，带下，产后腹痛，痈肿，
疔疮，痔疮，毒蛇咬伤等。

柳 叶 菜

【基　　源】柳叶菜科植物柳叶菜 *Epilobium hirsutum* L. 的全草。

【药材名称】柳叶菜。

【别　　名】地母怀胎草、菜籽灵、通经草。

【识别特征】①多年生粗壮草本，茎上疏生鳞片状叶，中上部多分枝，密被伸
展长柔毛。②叶草质，对生，茎上部的互生，无柄，并多少抱茎；
茎生叶披针状椭圆形至狭倒卵形或椭圆形，稀狭披针形，先端锐尖
至渐尖，基部近楔形，两面被长柔毛。③总状花序直立，花蕾卵状
长圆形，花瓣常玫瑰红色，或粉红、紫红色，蒴果。

【生长环境】生长于河谷、溪流河床沙地或石砾地或沟边、湖边向阳湿处。

【采收加工】秋季收取，洗净切段晒干。

【化学成分】地上部分含没食子酸、3- 甲氧基没食子酸、原儿茶酸、金丝桃甙、
山奈酚、槲皮素、杨梅树皮素等。

【性　　味】淡，平。

【功能主治】消炎止痛，祛风除湿。用于急性结膜炎，牙痛，月经不调等症。

丁 香 蓼

【基　　源】柳叶菜科植物丁香蓼 *Ludwigia prostrata* Roxb 的全草。

【药材名称】丁香蓼。

【别　　名】水丁香、丁子蓼、红豇豆。

【识别特征】①一年生草本，茎直立或下部斜升，多分枝，有纵棱，略红紫色。②叶互生，叶片披针形或长圆状披针形，全缘，近无毛，正面有紫红色斑点。③花两性，单生长于叶腋，花瓣 4，稍短于花萼裂片；雄蕊 4，子房下位。蒴果线状四方形，略具 4 棱。

【生长环境】生长于稻田、渠边及沼泽地。

【采收加工】夏季采收，晒干。

【化学成分】含没食子酸、诃子次酸三乙酯等。

【性　　味】苦，寒。

【功能主治】清热解毒，利尿通淋，化瘀止血。用于肠炎，痢疾，传染性肝炎，肾炎水肿，膀胱炎，带下病，痔疮；外用治痈疖疔疮，蛇虫咬伤。

◎ 山茱萸科

山 茱 萸

【基　　源】山茱萸科植物山茱萸 *Cornus officinalis* Sieb.et Zucc. 的干燥成熟果肉。

【药材名称】山茱萸。

【别　　名】山萸肉、药枣、枣皮。

【识别特征】①落叶乔木或灌木, 树皮灰褐色; 小枝细圆柱形, 被黄褐色短柔毛。②叶对生, 纸质, 卵状披针形或卵状椭圆形, 先端渐尖, 基部宽楔形, 全缘, 正面绿色, 背面浅绿色, 脉腋密生淡褐色丛毛, 中脉在正面明显, 背面凸起, 侧脉 6 ~ 7 对。③伞形花序生长于枝侧, 花瓣 4, 舌状披针形, 核果长椭圆形, 红色至紫红色。

【生长环境】生长于海拔 400 ~ 1 500 m 的林缘或森林中。

【采收加工】秋末冬初果皮变红时采收果实, 用文火烘或置沸水中略烫后, 及时除去果核, 干燥。

【化学成分】山茱萸甙, 即马鞭草甙、莫诺甙、獐芽菜甙、马钱子甙, 以及熊果酸、环烯醚萜类、鞣质、没食子酸、苹果酸等。

【性味归经】酸、涩, 微温。归肝、肾经。

【功能主治】补益肝肾, 收涩固脱。用于眩晕耳鸣, 腰膝酸痛, 阳痿遗精, 遗尿尿频, 崩漏带下, 大汗虚脱, 内热消渴。

楤 木

【基　源】五加科植物楤木 *Aralia chinensis* L. 的根皮、茎皮。

【药材名称】楤木。

【别　名】鸟不宿、刺包头。

【识别特征】①灌木或乔木，树皮灰色，疏生粗壮直刺。②叶为二回或三回羽状复叶，叶轴无刺或有细刺；小叶片纸质至薄革质，卵形、阔卵形或长卵形，先端渐尖或短渐尖，基部圆形，正面粗糙，疏生糙毛，背面有淡黄色或灰色短柔毛，脉上更密，边缘有锯齿，稀为细锯齿或不整齐粗重锯齿，侧脉 7 ~ 10 对。③圆锥花序，花白色，芳香，果实球形，黑色。

【生长环境】生长于森林、灌丛或林缘路边，从海滨至海拔 2 700 m 垂直分布。

【采收加工】9 月份采收，晒干。

【化学成分】茎皮中含齐墩果酸、刺囊酸、常春藤皂甙元、谷甾醇、豆甾醇、菜油甾醇等。

【性味归经】甘、微苦，平。归肝、胃、肾经。

【功能主治】祛风除湿，利尿消肿，活血止痛。用于肝炎，淋巴结肿大，肾炎水肿，糖尿病，带下病，胃痛，风湿关节痛，腰腿痛，跌打损伤。

中华常春藤

【基　　源】五加科植物中华常春藤 *Hedera nepalensis var. sinensis* (Tobl.) Rehd. 的全株。

【药材名称】常春藤。

【别　　名】土鼓藤、钻天风、三角风、散骨风、枫荷梨藤。

【识别特征】①常绿攀援藤本。老枝灰白色，幼枝淡青色，被鳞片状柔毛，枝蔓处生有气生根。②叶革质，深绿色，有长柄，营养枝上的叶三角状卵形，全缘或三浅裂。③花小，淡绿白色；核果圆球形，橙黄色。

【生长环境】常攀援于林缘树木、林下路旁、岩石和房屋墙壁上。

【采收加工】全年可采，晒干。

【化学成分】茎含鞣质、树脂。叶含常春藤甙、糖类、鞣质。

【性　　味】苦、辛，温。

【功能主治】祛风利湿，活血消肿，平肝，解毒。用于风湿关节痛，腰痛，跌打损伤，肝炎，头晕，口眼㖞斜，衄血，目翳，急性结膜炎，肾炎水肿，闭经、痈疽肿毒，荨麻疹，湿疹。

树 参

【基　　源】五加科植物树参 *Dendropanax dentiger* (Harms) merr. 的根或全株。

【药材名称】枫荷梨。

【别　　名】枫荷桂、半枫荷。

【识别特征】①乔木或灌木，高2～8 m。②叶片厚纸质或革质，密生粗大半透明红棕色腺点，叶形变异很大，不分裂叶片通常为椭圆形，先端渐尖，基部钝形或楔形，分裂叶片倒三角形，掌状2～3深裂或浅裂，两面均无毛，边缘全缘。③伞形花序顶生，单生或2～5个聚生成复伞形花序；花瓣5，三角形或卵状三角形。④果实长圆状球形，有5棱。花期8～10月，果期10～12月。

【生长环境】生长于海拔自几十米至1 800 m 常绿阔叶林或灌丛中。

【采收加工】秋冬季采挖，洗净，干燥。

【化学成分】根茎含鹅掌楸甙、丁香甙、蔗糖、β-谷甾醇和硬脂酸。

【性　　味】甘，温。

【功能主治】祛风除湿，舒筋活血。用于偏头痛，臂丛神经炎，风湿性关节炎，类风湿关节炎，腰肌劳损，慢性腰腿痛，半身不遂，跌打损伤，扭挫伤；外用治刀伤出血。

刺 楸

【基　　源】五加科植物刺楸 *Kalopanax septemLobus* (Thunb.) Koidz. 的树皮。

【药材名称】刺楸皮。

【别　　名】鸟不宿、钉木树、丁桐皮。

【识别特征】①落叶乔木，树皮暗灰棕色；小枝淡黄棕色或灰棕色，散生粗刺；刺基部宽阔扁平。②叶片纸质，在长枝上互生，在短枝上簇生，圆形或近圆形，掌状 5～7 浅裂，裂片阔三角状卵形至长圆状卵形，先端渐尖，基部心形，正面深绿色。③圆锥花序，花白色或淡绿黄色；果实球形，蓝黑色。

【生长环境】生长于阳性森林、灌木林中和林缘，水湿丰富、腐植质较多的密林，向阳山坡。

【采收加工】全年可采，洗净切段，晒干。

【化学成分】树皮及叶含鞣质 13%～30%，树皮及心材含多炔化合物。尚含黄酮甙、香豆精甙、生物碱、挥发油、皂甙等。

【性味归经】辛，平；有小毒。归脾、胃经。

【功能主治】祛风利湿，活血止痛，杀虫。用于风湿痹痛，腰膝痛，痈疽，疮癣。

◎ 伞形科

白 芷

【基　源】伞形科植物白芷 *Angelica dahurica* (Fisch.ex Hoffm.) Benth.et Hook.f. 的干燥根。

【药材名称】白芷。

【别　名】避蛇生、山萝卜、牛尾七、土白芷。

【识别特征】①多年生高大草本；茎带紫色，中空，有纵长沟纹。②基生叶一回羽状分裂，有长柄，叶柄下部有管状抱茎边缘膜质的叶鞘；茎上部叶二至三回羽状分裂，叶片轮廓为卵形至三角形，下部为囊状膨大的膜质叶鞘，常带紫色；末回裂片长圆形，卵形或线状披针形，急尖，边缘有不规则的白色软骨质粗锯齿。③复伞形花序顶生或侧生，花白色；果实长圆形至卵圆形，黄棕色。

【生长环境】生长于林下、林缘、溪旁、灌丛及山谷草地。

【采收加工】夏、秋间叶黄时采挖，除去须根和泥沙，晒干或低温干燥。

【化学成分】全草含挥发油、欧前胡素等。

【性味归经】辛，温。归胃、大肠、肺经。

【功能主治】解表散寒，祛风止痛，宣通鼻窍，燥湿止带，消肿排脓。用于感冒头痛，眉棱骨痛，鼻塞流涕，鼻渊，牙痛，带下，疮疡肿痛。

天 胡 荽

【基　源】伞形科植物天胡荽 *Hydrocotyle sibthorpioides var. batrachium* (Hance) Hand.-Mazz. 的全草。

【药材名称】天胡荽。

【别　名】步地锦、小叶铜钱草、满天星。

【识别特征】①多年生草本，有气味。茎细长而匍匐，平铺地上成片，节上生根。②叶片膜质至草质，圆形或肾圆形，基部心形，两耳有时相接，不分裂或5～7裂，裂片阔倒卵形，边缘有钝齿。③伞形花序与叶对生，单生长于节上；花瓣卵形，绿白色，果实略呈心形。

【生长环境】生长于海拔475～3000 m的湿润草地、河沟边、林下。

【采收加工】夏季采收，除去杂质，晒干。

【化学成分】含黄酮苷、酚类、氨基酸、挥发油、香豆素。

【性　味】甘淡、微辛，凉。

【功能主治】祛风清热，化痰止咳。用于风火赤眼，咽喉肿痛，百日咳以及蛇缠疮等症。

积 雪 草

【基　　源】伞形科植物积雪草 *Centella asiatica* (L.) Urb. 的干燥全草。

【药材名称】积雪草。

【别　　名】连钱草、地钱草、马蹄草。

【识别特征】①多年生草本，茎匍匐，细长，节上生根。②叶片膜质至草质，圆形、肾形或马蹄形，边缘有钝锯齿，基部阔心形，两面无毛或在背面脉上疏生柔毛；掌状脉 5 ~ 7，两面隆起，脉上部分叉。③伞形花序，聚生长于叶腋，花瓣卵形，紫红色或乳白色，膜质，果实两侧扁压，圆球形。

【生长环境】生长于海拔 200 ~ 1 900 m 的阴湿草地或水沟边。

【采收加工】夏、秋二季采收，除去泥沙，晒干。

【化学成分】含多种 α - 香树脂醇型的三萜成分，如积雪草甙、参枯尼甙、异参枯尼甙、羟基积雪草甙、山柰酚、槲皮素甙。另含三萜酸和三萜皂甙等。

【性味归经】苦、辛，寒。归肝、脾、肾经。

【功能主治】清热利湿，解毒消肿。用于湿热黄疸，中暑腹泻，石淋血淋，痈肿疮毒，跌扑损伤。

白 花 前 胡

【基　　　源】伞形科植物白花前胡 *Peucedanum praeruptorum* Dunn 的干燥根。

【药材名称】前胡。

【别　　　名】白花前胡。

【识别特征】①多年生草本，茎圆柱形，上部分枝多有短毛，髓部充实。②基生叶具长柄，基部有卵状披针形叶鞘；叶片轮廓宽卵形或三角状卵形，三出式二至三回分裂，先端渐尖，基部楔形至截形，无柄或具短柄，边缘具不整齐的 3 ~ 4 粗或圆锯齿，有时下部锯齿呈浅裂或深裂状，下表面叶脉明显突起，两面无毛；茎下部叶具短柄，叶片形状与茎生叶相似；茎上部叶无柄，叶鞘稍宽，边缘膜质，叶片三出分裂。③复伞形花序多数，顶生或侧生；花瓣卵形，白色，果实卵圆形。

【生长环境】生长于海拔 250 ~ 2 000 m 的山坡林缘，路旁或半阴性的山坡草丛中。

【采收加工】冬季至次春茎叶枯萎或未抽花茎时采挖，除去须根，洗净，晒干或低温干燥。

【化学成分】含香豆精类化合物，如外消旋白花前胡素 A、北美芹素、白花前胡香豆精、前胡香豆精 A，补骨脂素、白花前胡贰等。

【性味归经】苦、辛，微寒。归肺经。

【功能主治】降气化痰，散风清热。用于痰热喘满，略痰黄稠，风热咳嗽痰多。

紫花前胡

【基　　源】伞形科植物紫花前胡 *Peucedanum decursivum* (Miq.) Maxim. 的干燥根。

【药材名称】紫花前胡。

【别　　名】土当归、鸭脚七、野辣菜、山芫荽。

【识别特征】①多年生草本，茎直立，单一，中空，光滑，常为紫色，有纵沟纹。②根生叶和茎生叶有长柄，基部膨大成圆形的紫色叶鞘，抱茎；叶片三角形至卵圆形，坚纸质，一回三全裂或一至二回羽状分裂。③复伞形花序顶生和侧生，花深紫色；果实长圆形至卵状圆形。

【生长环境】生长于山坡林缘、溪沟边或杂木林灌丛中。

【采收加工】秋、冬二季地上部分枯萎时采挖，除去须根，晒干。

【化学成分】根含香豆精类化合物，如紫花前胡素、紫花前胡素Ⅰ、紫花前胡甙元及香柑内酯、紫花前胡甙；皂甙类成分紫花前胡皂甙Ⅰ、Ⅱ、Ⅲ、Ⅳ及Ⅴ等。

【性味归经】苦、辛，微寒。归肺经。

【功能主治】降气化痰，散风清热。用于痰热喘满，咯痰黄稠，风热咳嗽痰多。

药用植物标本采集与制作技术

水 芹

【基　　源】伞形科植物水芹 *Oenanthe javanica* (Bl.) DC. 的全草。

【药材名称】水芹。

【别　　名】芹、香芹、蒲芹、药芹菜、野芫荽、水英。

【识别特征】①多年生草本，茎直立或基部匍匐。②基生叶有柄，基部有叶鞘；叶片轮廓三角形，1～2回羽状分裂，边缘有牙齿或圆齿状锯齿；茎上部叶无柄，裂片和基生叶的裂片相似，较小。③复伞形花序顶生，小伞形花序有花 20 余朵，花瓣白色，倒卵形；果实近于四角状椭圆形。

【生长环境】生长于浅水低洼地方或池沼、水沟旁。

【采收加工】春季采收，切段晒干。

【化学成分】叶中含缬氨酸、丙氨酸、异亮氨酸、1-二十醇、1-二十二醇、1-二十四醇以及 β-谷甾醇等。

【性　　味】甘、辛，凉。

【功能主治】清热利湿，止血，降血压。用于感冒发热，呕吐腹泻，尿路感染，崩漏，带下，高血压。

茴 香

【基　　源】伞形科植物茴香 *Foeniculum vulgare* mill. 的干燥成熟果实。

【药材名称】小茴香。

【别　　名】怀香、香丝菜。

【识别特征】①草本，茎直立，光滑，灰绿色或苍白色，多分枝。②较下部的茎生叶柄长5～15 cm，中部或上部的叶柄部分或全部成鞘状，叶鞘边缘膜质；叶片轮廓为阔三角形，4～5回羽状全裂，末回裂片线形。③复伞形花序顶生与侧生，花瓣黄色，果实长圆形。

【生长环境】各省区都有栽培。

【采收加工】秋季果实初熟时采割植株，晒干，打下果实，除去杂质。

【化学成分】含挥发油，主要为反式－茴香脑、柠檬烯、小茴香酮、爱草脑、α－蒎烯、月桂烯等。

【性味归经】辛，温。归肝、肾、脾、胃经。

【功能主治】散寒止痛，理气和胃。用于寒疝腹痛，睾丸偏坠，痛经，少腹冷痛，脘腹胀痛，食少吐泻。盐小茴香暖肾散寒止痛。用于寒疝腹痛，睾丸偏坠，经寒腹痛。

鸭 儿 芹

【基　　源】伞形科植物鸭儿芹 *Cryptotaenia japonica* Hassk. 的全草。

【药材名称】鸭儿芹。

【别　　名】野蜀葵、鸭脚板、鹅脚板。

【识别特征】①多年生草本，茎直立，光滑，有分枝。表面有时略带淡紫色。
②基生叶或上部叶有柄，叶鞘边缘膜质；叶片轮廓三角形至广卵形，
中间小叶片呈菱状倒卵形，顶端短尖，基部楔形；两侧小叶片斜倒
卵形至长卵形，所有的小叶片边缘有不规则的尖锐重锯齿，表面绿
色，背面淡绿色。③复伞形花序呈圆锥状，花瓣白色，倒卵形。分
生果线状长圆形。

【生长环境】生长于海拔 200 ～ 2 400 m 的山地、山沟及林下较阴湿的地区。

【采收加工】夏秋采收，洗净晒干。

【化学成分】全草含挥发油，有异亚丙基丙酮、异丙烯基丙酮、甲基异丁基甲酮、
樟烯、β- 月桂烯等。

【性　　味】辛、苦，平。

【功能主治】消炎清热，解毒，活血消肿。用于肺热咳喘，肺痈，淋证，疝气，
风火牙痛，痈疽疔肿，缠腰火丹，皮肤瘙痒。

芫荽

【基　　源】伞形科植物芫荽 *Coriandrum sativum* L. 的全草。

【药材名称】芫荽。

【别　　名】胡荽、香菜、香荽。

【识别特征】①一年生或二年生,有强烈气味的草本,茎圆柱形,直立,多分枝,有条纹。②叶片1或2回羽状全裂,羽片广卵形或扇形半裂,边缘有钝锯齿、缺刻或深裂,上部的茎生叶3回以至多回羽状分裂。③伞形花序顶生或与叶对生,伞辐3~7。花白色或带淡紫色。④果实圆球形,花果期4~11月。

【生长环境】各地均有栽培。

【采收加工】全草春夏可采,切段晒干。

【化学成分】含癸醛:果尚含挥发油,油中主要为芳樟醇、对伞花烃、α-蒎烯、β-蒎烯、dl蓉烯、α-萜品烯、γ-萜品烯、牛儿醇、龙脑、水芹烯、莰烯、脂肪油、岩芹酸。

【性味归经】辛,温。归肺、胃经。

【功能主治】发汗透疹,消食下气,醒脾和中。用于麻疹初期透出不畅、食物积滞、胃口不开、脱肛等病症。

◎ 紫金牛科

朱 砂 根

【基　　源】紫金牛科植物朱砂根 *Ardisia crenata* Sims 的干燥根。

【药材名称】朱砂根。

【别　　名】大罗伞、大凉伞、珍珠伞、高脚金鸡、开喉箭。

【识别特征】①矮小灌木，直立茎，幼嫩时被微柔毛，通常不分枝。②叶坚纸质，狭卵形或卵状披针形，顶端急尖而钝或渐尖，基部楔形或钝或近圆形，全缘具不明显的边缘腺点，叶面通常无毛。③伞形花序，单一着生长于特殊侧生或腋生花枝顶端，花瓣粉红色，卵形；果球形，鲜红色。

【生长环境】生长于海拔 500 ~ 2 000 m 的林荫下或灌丛中。

【采收加工】秋、冬二季采挖，洗净，晒干。

【化学成分】含三萜皂甙如朱砂根甙，朱砂根新甙 A、B，百两金皂甙，岩白菜素，去甲岩白菜素等。

【性味归经】微苦、辛，平。归肺、肝经。

【功能主治】解毒消肿，活血止痛，祛风除湿。用于咽喉肿痛，风湿痹痛，跌打损伤。

聚花过路黄

【基　　源】报春花科植物聚花过路黄 *Lysimachia congestiflora* Hemsl 的全草。

【药材名称】聚花过路黄。

【别　　名】临时救、风寒草、黄花珠、九莲灯。

【识别特征】①茎下部匍匐，节上生根，圆柱形。②叶对生，叶片卵形、阔卵形以至近圆形，近等大，先端锐尖或钝，基部近圆形或截形，正面绿色，背面较淡，侧脉2～4对。③花2～4朵集生茎端和枝端成近头状的总状花序，花冠黄色，蒴果球形。

【生长环境】生长于水沟边、山坡林缘、草地等湿润处。

【采收加工】夏秋季采收，除去杂质，晒干。

【化学成分】含杨梅树皮素、杨梅树皮苷、槲皮素、柽柳素和珍珠菜苷等。

【性　　味】辛、微苦，微温。

【功能主治】祛风散寒，化痰止咳，解毒利湿。用于风寒头痛，咽喉肿痛，肾炎水肿，肾结石，小儿疳积，疔疮，毒蛇咬伤等。

珍珠菜

【基　　源】报春花科植物珍珠菜 *Lysimachia clethroides* Duby 的根、全草。

【药材名称】珍珠菜。

【别　　名】扯根菜、矮桃、大红袍、红根草。

【识别特征】①多年生草本，茎直立，圆柱形，基部带红色，不分枝。②叶互生，长椭圆形或阔披针形，先端渐尖，基部渐狭，两面散生黑色粒状腺点。③总状花序顶生，花密集，常转向一侧，花冠白色，蒴果近球形。

【生长环境】生长于山坡林缘和草丛中。

【采收加工】秋季采收，晒干。

【化学成分】含紫云英甙、异槲皮甙、山柰酚甙等。

【性　　味】苦、辛，平。

【功能主治】活血调经，解毒消肿。用于月经不调，带下病，小儿疳积，风湿性关节炎，跌打损伤，乳腺炎，蛇咬伤。

◎ 木犀科

迎 春 花

【基　　源】木犀科植物迎春花 *Jasminum nudiflorum Lindl.* 的花、叶。

【药材名称】迎春花。

【别　　名】金腰带、串串金、清明花、金梅、迎春柳。

【识别特征】①落叶灌木，直立或匍匐，枝条下垂；枝稍扭曲，光滑无毛。②叶对生，三出复叶，小枝基部常具单叶，小叶片卵形、长卵形或椭圆形，狭椭圆形，先端锐尖或钝，基部楔形，叶缘反卷。③花单生长于小枝的叶腋，花萼绿色，花冠黄色。

【生长环境】生长于海拔 800 ~ 2000 m 的山坡灌丛中。

【采收加工】花：4 ~ 5 月开花时采收，鲜用或晾干。叶：5 ~ 7 月采收，晒干。

【化学成分】叶中含有毛蕊花甙、金石蚕甙、连翘脂甙等。

【性　　味】花：苦、微辛，平。叶：苦，寒。

【功能主治】花：清热解毒，活血消肿。用于发热头痛、小便热痛。叶：清热，利湿，解毒。用于肿毒恶疮、跌打损伤、创伤出血等。

女 贞

【基　　源】木犀科植物女贞 *Ligustrum lucidum* Ait. 的干燥成熟果实。

【药材名称】女贞子。

【别　　名】白蜡树、冬青、蜡树、女桢、桢木。

【识别特征】①灌木或乔木，树皮灰褐色；枝圆柱形，疏生皮孔。②叶片常绿，革质，卵形、长卵形或椭圆形至宽椭圆形，先端锐尖至渐尖或钝，基部圆形或近圆形，叶缘平坦，正面光亮，两面无毛。③圆锥花序顶生，花序轴及分枝轴无毛，紫色或黄棕色，果肾形，深蓝黑色，成熟时呈红黑色，被白粉。

【生长环境】生长于海拔 2 900 m 以下疏、密林中。

【采收加工】冬季果实成熟时采收，除去枝叶，稍蒸或置沸水中略烫后，干燥；或直接干燥。

【化学成分】含女贞子甙、洋橄榄苦甙、齐墩果酸、乙酰齐墩果酸、桦木醇等。

【性味归经】甘、苦，凉。归肝、肾经。

【功能主治】滋补肝肾，明目乌发。用于肝肾阴虚，眩晕耳鸣，腰膝酸软，须发早白，目暗不明，内热消渴，骨蒸潮热。

◎ 马钱科

醉 鱼 草

【基　　源】马钱科植物醉鱼草 *Buddleja lindleyana* Fortune 的全草。

【药材名称】醉鱼草。

【别　　名】毒鱼草、公鸡尾、鱼尾草、醉鱼儿草。

【识别特征】①灌木，茎皮褐色；小枝具四棱，棱上略有窄翅。②叶对生，萌芽枝条上的叶为互生或近轮生，叶片膜质，卵形、椭圆形至长圆状披针形，顶端渐尖，基部宽楔形至圆形，边缘全缘或具有波状齿，正面深绿色，背面灰黄绿色。③穗状聚伞花序顶生，花紫色，芳香；花萼钟状，花冠内面被柔毛，花冠管弯曲，果序穗状；蒴果长圆状或椭圆状，基部常有宿存花萼。

【生长环境】生长于海拔 200～2 700 m 的山地路旁、河边灌木丛中或林缘。

【采收加工】根及全草全年采集。花、叶于夏秋采集。

【化学成分】全株含醉色草甙即刺槐甙等。

【性　　味】辛、苦，温；有毒。

【功能主治】祛风解毒，驱虫。用于支气管炎，咳嗽，哮喘，风湿性关节炎，跌打损伤，外用治创伤出血，烧烫伤，并作杀蛆、灭孑孓用。

◎ 龙胆科

双　蝴　蝶

【基　　源】龙胆科植物双蝴蝶 *Tripterospermum chinense* (Migo) H. Smith 的全草。

【药材名称】双蝴蝶。

【别　　名】肺形草、黄金线、胡地莲。

【识别特征】①多年生缠绕草本，茎绿色或紫红色，近圆形具细条棱，上部螺
旋扭转。②基生叶通常 2 对，着生长于茎基部，密集呈双蝴蝶状，
卵形、倒卵形或椭圆形，先端急尖，基部圆形，正面绿色，背面淡
绿色或紫红色。③具多花，2 ~ 4 朵呈聚伞花序，花冠蓝紫色或
淡紫色，钟形，蒴果淡褐色，椭圆形，扁平。

【生长环境】生长于海拔 300 ~ 1 100 m 的山坡林下、林缘、灌木丛或草丛中。

【采收加工】初夏采收，晒干。

【化学成分】含黄酮类、三萜类、酚酸类等，如异牡荆素、异牡荆素 -7-O- 鼠
李糖、异荭草素 -7-O- 鼠李糖、肥皂草苷、三叶豆苷、齐墩果酸、
熊果酸等。

【性味归经】辛，寒。归肺、肝、脾经。

【功能主治】清肺止咳，解毒消肿。用于肺热咳嗽，肺痨咯血，肺痈，肾炎，疮痈疔肿。

五 岭 龙 胆

【基　　源】龙胆科植物五岭龙胆 *Gentiana davidii* Franch. 的全草。

【药材名称】落地荷花。

【别　　名】九头青、簇花龙胆、落地荷花、歇地龙胆、鲤鱼胆、连雷铃。

【识别特征】①多年生草本，主茎粗壮，发达，有多数较长分枝。花枝多数，丛生，斜升，紫色或黄绿色，中空，近圆形。②叶线状披针形，先端钝，基部渐狭，边缘微外卷，叶脉 1 ～ 3 条；莲座丛叶叶柄膜质，茎生叶多对。③花多数，簇生枝端呈头状，花冠蓝色，无斑点和条纹，狭漏斗形；蒴果狭椭圆形。

【生长环境】生长于海拔 350 ～ 2 500 m 的山坡草丛、山坡路旁、林缘、林下。

【采收加工】夏秋采集，晒干。

【性　　味】苦，凉。

【功能主治】清热解毒，利尿，明目。用于化脓性骨髓炎，尿路感染，结膜炎，疔、痈。

夹 竹 桃

【基　　源】夹竹桃科植物夹竹桃 *Nerium oleander* Linn. 的叶。

【药材名称】夹竹桃。

【别　　名】柳叶桃、半年红、甲子桃。

【识别特征】①常绿直立大灌木，枝条灰绿色，含水液。②叶 3 ~ 4 枚轮生，窄披针形，顶端急尖，基部楔形，叶缘反卷，叶面深绿，中脉在叶面陷入，在叶背凸起。③聚伞花序顶生，着花数朵；花萼 5 深裂，红色，披针形，花冠深红色或粉红色，蓇葖 2，离生。

【生长环境】在公园、风景区、道路旁或河旁、湖旁周围栽培。

【采收加工】全年可采，晒干，或鲜用。

【化学成分】叶含强心成分，主要为欧夹竹桃甙丙、欧夹竹桃甙甲、欧夹竹桃甙乙、去乙酰欧夹竹桃甙丙等。

【性味归经】苦，寒；有毒。归心经。

【功能主治】强心利尿，祛痰定喘，镇痛，祛瘀。用于心力衰竭，喘息咳嗽，癫痫，跌打损伤，经闭，斑秃。

络 石

【基　　源】夹竹桃科植物络石 *Trachelospermum jasminoides* (Lindl.) Lem. 的干
燥带叶藤茎。

【药材名称】络石藤。

【别　　名】红对叶肾、白花藤。

【识别特征】①常绿木质藤本，具乳汁；茎赤褐色，圆柱形，有皮孔。②叶革
质或近革质，椭圆形至卵状椭圆形或宽倒卵形，顶端锐尖至渐尖或
钝，基部渐狭至钝，叶面无毛。③二歧聚伞花序腋生或顶生，花多
朵组成圆锥状，花白色，花冠筒圆筒形，蓇葖双生。

【生长环境】生长于山野、溪边、路旁、林缘或杂木林中，常缠绕于树上或攀
援于墙壁上、岩石上。

【采收加工】冬季至次春采割，除去杂质，晒干。

【化学成分】藤茎含牛蒡甙、络石甙、去甲络石甙、络石甙元、去甲络石甙元
等；叶含黄酮类化合物，如芹菜素、芹菜素 -7-O- 葡萄糖甙、芹
菜素 -7-O- 龙胆二糖甙、芹菜素 -7-O- 新橙皮糖甙、木犀草素。

【性味归经】苦，微寒。归心、肝、肾经。

【功能主治】祛风通络，凉血消肿。用于风湿热痹，筋脉拘挛，腰膝酸痛，喉痹，
痈肿，跌扑损伤。

199

药用植物标本采集与制作技术

◎ 萝藦科

柳叶白前

【基　　源】萝藦科植物柳叶白前 *Cynanchum stauntonii* (Decne.) Schltr.ex Levi. 的干燥根茎和根。

【药材名称】白前。

【别　　名】水杨柳、鹅白前、草白前。

【识别特征】①直立半灌木，无毛，须根纤细、节上丛生。②叶对生，纸质，狭披针形，两端渐尖；中脉在叶背显著，侧脉约 6 对。③伞形聚伞花序腋生；花冠紫红色，辐状，蓇葖果单生。

【生长环境】生长于海拔 100 ～ 300 m 的江边河岸及沙石间，也有在路边丘陵地区。

【采收加工】秋季采挖，洗净，晒干。

【化学成分】含有 β- 谷甾醇、高级脂肪酸和华北白前醇等。

【性味归经】辛、苦，微温。归肺经。

【功能主治】降气，消痰，止咳。用于肺气壅实，咳嗽痰多，胸满喘急。

牛皮消

【基　源】萝藦科植物牛皮消 *Cynanchum auriculatum* Royle ex Wight 的块根。

【药材名称】白首乌。

【别　名】地葫芦、山葫芦、野山药。

【识别特征】①攀援性半灌木；块根粗壮；茎纤细而韧，被微毛。②叶对生，戟形，顶端渐尖，基部心形，两面被粗硬毛，侧脉约 6 对。③伞形聚伞花序腋生，花冠白色，蓇葖果单生或双生。

【生长环境】生长于海拔 1 500 m 以下的山坡、山谷的灌木丛中或岩石隙缝中。

【采收加工】10 ~ 11 月挖根，洗净，晒干。

【化学成分】块根中含磷脂、隔山消甙、牛皮消甙、萝藦胺、牛皮消素等。

【性味归经】苦、甘、涩，微温。归肝、肾经。

【功能主治】滋补肝肾，养血补血，润肠通便。用于肝肾阴虚所致的头昏眼花，失眠健忘，须发早白，腰膝酸软，筋骨不健，胸闷心痛。

药用植物标本采集与制作技术

◎ 茜草科

鸡 矢 藤

【基　　源】茜草科植物鸡矢藤 *Paederia foetida* Linn. 的全草、根。

【药材名称】鸡矢藤。

【别　　名】臭藤、臭屎藤、鸡脚藤。

【识别特征】①藤本，无毛或近无毛。②叶对生，纸质或近革质，形状变化很大，卵形、卵状长圆形至披针形，顶端急尖或渐尖，基部楔形或近圆或截平，侧脉每边 4～6 条。③圆锥花序式的聚伞花序腋生和顶生，分枝对生，花冠浅紫色，果球形，成熟时近黄色，有光泽，平滑。

【生长环境】生长于海拔 200～2 000 m 的山坡、林中、林缘、沟谷边灌丛中。

【采收加工】夏季采收全草，晒干。

【化学成分】含环烯醚萜苷类，如鸡矢藤苷、鸡矢藤次苷、鸡矢藤苷酸、车叶草苷、去乙酰车叶草苷、矢车菊素糖苷、

含熊果酚苷。

【性味归经】甘、酸，平。归肝、脾经。

【功能主治】祛风除湿，消食化积，解毒消肿，活血止痛。用于风湿筋骨痛，跌打损伤，外伤性疼痛，肝胆及胃肠绞痛，消化不良，小儿疳积，支气管炎；外用于皮炎，湿疹及疮疡肿毒。

茜 草

【基　　源】茜草科植物茜草 *Rubia cordifolia* L. 的干燥根和根茎。

【药材名称】茜草。

【别　　名】血见愁、地苏木、活血丹、土丹参、红内消。

【识别特征】①草质攀援藤木，茎数至多条，方柱形，有4棱，棱上生倒生皮刺。②叶通常4片轮生，纸质，披针形或长圆状披针形，顶端渐尖，基部心形，边缘有齿状皮刺，基出脉3条。③聚伞花序腋生和顶生，有花10余朵至数十朵，花冠淡黄色，果球形，成熟时橘黄色。

【生长环境】生长于疏林、林缘、灌丛或草地上。

【采收加工】春、秋二季采挖，除去泥沙，干燥。

【化学成分】根含蒽醌衍生物，如茜草素、羟基茜草素、异茜草素、大黄素甲醚等。

【性味归经】苦，寒。归肝经。

【功能主治】凉血祛瘀，止血通经。用于吐血，衄血，崩漏，外伤出血，瘀阻经闭，关节痹痛，跌扑肿痛。

栀 子

【基　　源】茜草科植物栀子 *Gardenia jasminoides* Ellis. 的干燥果实。

【药材名称】栀子。

【别　　名】黄栀子、山栀。

【识别特征】①灌木，枝圆柱形，灰色。②叶对生，革质，叶形多样，通常为
长圆状披针形、倒卵状长圆形、倒卵形或椭圆形，顶端渐尖、骤然
长渐尖或短尖而钝，基部楔形或短尖，两面常无毛，正面亮绿，背
面色较暗。③花芳香，通常单朵生长于枝顶，花冠白色或乳黄色，
高脚碟状，果卵形、近球形、椭圆形或长圆形，黄色或橙红色，有
翅状纵棱 5 ～ 9 条。

【生长环境】生长于海拔 10 ～ 1 500 m 处的旷野、丘陵、山谷、山坡、溪边
的灌丛或林中。

【采收加工】9 ～ 11 月果实成熟呈红黄色时采收，除去果梗和杂质，蒸至上气
或置沸水中略烫，取出，干燥。

【化学成分】果皮及种子含栀子苷、都桷子苷、都桷子苷酸等。

【性味归经】苦，寒。归心、肺、三焦经。

【功能主治】泻火除烦，清热利湿，凉血解毒。外用消肿止痛。用于热病心烦，
湿热黄疸，淋证涩痛，血热吐衄，目赤肿痛，火毒疮疡；外治扭挫
伤痛。

钩　藤

【基　源】茜草科植物钩藤 *Uncaria rhynchophylla* (Miq.) miq. ex Havil. 的干燥带钩茎枝。

【药材名称】钩藤。

【别　名】钓钩藤、大钩丁、双钩藤。

【识别特征】①常绿木质藤本，小枝四棱柱形，褐色。②叶腋有成对或单生的钩，向下弯曲，先端尖，叶对生，叶片卵形，卵状长圆形或椭圆形，先端渐尖，基部宽楔形，全缘，正面光亮，背面略呈粉白色。③头状花序单个腋生或为顶生的总状花序式排列，花黄色，花冠合生；蒴果倒卵形或椭圆形。

【生长环境】常生长于山谷溪边的疏林或灌丛中。

【采收加工】秋、冬二季采收，去叶，切段，晒干。

【化学成分】含 2- 氧代吲哚类生物碱、异去氢钩藤碱、异钩藤碱、去氢钩藤碱、钩藤碱等。

【性味归经】甘，凉。归肝、心包经。

【功能主治】息风定惊，清热平肝。用于肝风内动，惊痫抽搐，高热惊厥，感冒夹惊，小儿惊啼，妊娠子痫，头痛眩晕。

药用植物标本采集与制作技术

白花蛇舌草

【基　　源】茜草科植物白花蛇舌草 *Hedyotis diffusa* Willd. 的全草。

【药材名称】白花蛇舌草。

【别　　名】蛇舌草、蛇舌癀、蛇针草、蛇总管。

【识别特征】①一年生无毛纤细披散草本，茎稍扁，从基部开始分枝。②叶对生，无柄，线形，顶端短尖，正面光滑，中脉在正面下陷，侧脉不明显。③花 4 数，单生或双生长于叶腋；花梗略粗壮，长 2 ~ 5 mm。④蒴果扁球形，种子每室约 10 粒，具棱，干后深褐色，有深而粗的窝孔。花期春季。

【生长环境】多见于水田、田埂和湿润的旷地。

【采收加工】夏秋采集，洗净，鲜用或晒干。

【化学成分】含环烯醚萜苷类、蒽醌类、黄酮及其苷类等成分。

【性味归经】甘、淡、凉。归胃、大肠、小肠经。

【功能主治】清热解毒，利尿消肿，活血止痛。用于肠痈（阑尾炎），疮疖肿毒，湿热黄疸，小便不利等症；外用治疮疖痈肿，毒蛇咬伤。

六 月 雪

【基　　源】茜草科植物六月雪 *Serissa serissoides* (DC.) Druce. 干燥全株。

【药材名称】六月雪。

【别　　名】碎叶冬青、白马骨、素馨。

【识别特征】①小灌木。②叶革质，卵形至倒披针形，顶端短尖至长尖，边全缘，
　　　　　　无毛；叶柄短。③花单生或数朵丛生长于小枝顶部或腋生，花冠淡
　　　　　　红色或白色。

【生长环境】生长于河溪边或丘陵的杂木林内。

【采收加工】全年可采。洗净鲜用或切段晒干。

【化学成分】全草含苷类及鞣质。

【性　　味】微辛，凉。

【功能主治】舒肝解郁，清热利湿，消肿拔毒，
　　　　　　止咳化痰。用于急性肝炎，风湿
　　　　　　腰腿痛，痈肿恶疮，蛇咬伤，脾
　　　　　　虚泄泻，小儿疳积，带下病，目翳，
　　　　　　肠痈，狂犬病。

药用植物标本采集与制作技术

◎ 旋花科

菟 丝 子

【基　　源】旋花科植物南方菟丝子 *Cwscwia australis* R. Br. 或菟丝子 *C. chinensis* Lam. 的干燥成熟种子。

【药材名称】菟丝子。

【别　　名】豆寄生、无根草、黄丝、金黄丝子。

【识别特征】①一年生寄生草本。茎缠绕，黄色，纤细，直径约 1 mm，无叶。
②花序侧生，少花或多花簇生成小伞形或小团伞花序，花冠白色，
壶形，蒴果球形，种子淡褐色，卵形。

【生长环境】生长于海拔 200 ~ 3 000 m 的田边、山坡阳处、路边灌丛或海
边沙丘，通常寄生长于豆科、菊科、藜科等多种植物上。

【采收加工】秋季果实成熟时采收植株，晒干，打下种子，除去杂质。

【化学成分】含槲皮素、金丝桃苷及槲皮素 -3-O-β-D- 半乳糖 -7-O-β- 葡
萄糖苷等。

【性味归经】辛、甘，平。归肝、肾、脾经。

【功能主治】补益肝肾，固精缩尿，安胎，明目，止泻；外用消风祛斑。用于
肝肾不足，腰膝酸软，阳痿遗精，遗尿尿频，肾虚胎漏，胎动不安，
目昏耳鸣，脾肾虚泻；外治白癜风。

金 灯 藤

【基　　源】旋花科植物金灯藤 *Cuscuta japonica* Choisy. 的种子。

【药材名称】金灯藤。

【别　　名】日本菟丝子。

【识别特征】①一年生寄生缠绕草本，茎较粗壮，肉质，黄色，常带紫红色瘤状斑点，无毛，多分枝，无叶。②花无柄或几无柄，形成穗状花序，花萼碗状，肉质，花冠钟状，淡红色或绿白色，蒴果卵圆形。

【生长环境】寄生于草本或灌木上。

【采收加工】秋季果实成熟时采收植株，晒干，除去杂质。

【化学成分】含槲皮素、金丝桃苷以及槲皮素 -3-O-β-D- 半乳糖 -7-O-β- 葡萄糖苷等。

【性味归经】甘、苦，平。归肝、肾经。

【功能主治】清热，凉血，利水，解毒。用于吐血，衄血，便血，血崩，淋浊，带下，痢疾，黄疸，痈疽，疔疮，热毒痱疹。

打 碗 花

【基　　源】旋花科植物打碗花 *Calystegia hederacea* Wall 的干燥全草。

【药材名称】打碗花。

【别　　名】秧子根、打破碗、小旋花。

【识别特征】①一年生草本，全体不被毛，植株通常矮小。茎细，平卧，有细棱。
②基部叶片长圆形，顶端圆，基部戟形，上部叶片 3 裂，中裂片
长圆形或长圆状披针形，侧裂片近三角形，叶片基部心形或戟形。
③花腋生，1 朵，花冠淡紫色或淡红色，钟状，蒴果卵球形。

【生长环境】全国各地均有，从平原至高海拔地方都有生长。

【采收加工】全年可采，晒干。

【化学成分】根茎含防己内酯、掌叶防己碱。叶含山柰酚 -3- 半乳苷。

【性　　味】甘、微苦，平。

【功能主治】根状茎：健脾益气，利尿，调经，止带，疝气、疥疮。用于脾虚
消化不良，月经不调，带下病，乳汁稀少。花：止痛；外用治牙痛。

牵牛

【基　　源】旋花科植物裂叶牵牛 *Pharbitis nil* (L.) Choisy 或圆叶牵牛 *P. purpurea*
(L.) Voigt 的干燥成熟种子。

【药材名称】牵牛子。

【别　　名】牵牛花、喇叭花、筋角拉子、大牵牛花。

【识别特征】①一年生缠绕草本。②叶宽卵形或近圆形，深或浅的3裂，偶5裂，
基部圆，心形，中裂片长圆形或卵圆形，渐尖或骤尖。③花腋生，
单一或通常2朵着生长于花序梗顶，花冠漏斗状，蓝紫色或紫红色，
蒴果近球形，3瓣裂。种子卵状三棱形，黑褐色或米黄色。

【生长环境】生长于海拔100～1600 m的山坡灌丛、干燥河谷路边、园边宅旁、
山地路边。

【采收加工】秋末果实成熟、果壳未开裂时采割植株，晒干，打下种子，除去杂质。

【化学成分】含牵牛子苷、牵牛子酸C，D、顺芷酸、尼里酸等。

【性味归经】苦、寒；有毒。归肺、肾、大肠经。

【功能主治】泻水通便，消痰涤饮，杀虫攻积。用于水肿胀满，二便不通，痰
饮积聚，气逆喘咳，虫积腹痛。

马 蹄 金

【基　　源】旋花科植物马蹄金 *Dichondra repens* Forst. 的干燥全草。

【药材名称】马蹄金。

【别　　名】小金钱草、荷苞草、铜钱草。

【识别特征】①多年生匍匐小草本，茎细长，被灰色短柔毛，节上生根。②叶肾形至圆形，先端宽圆形或微缺，基部阔心形，叶面微被毛，背面被贴生短柔毛，全缘。③花单生叶腋，花冠钟状，黄色，蒴果近球形。

【生长环境】生长于海拔 1 300 ～ 1 980 m，山坡草地、路旁或沟边。

【采收加工】4 ～ 6 月采收采割植株，晒干，除去杂质。

【化学成分】含委陵菜酸、尿嘧啶、茵芋苷等。

【性味归经】苦、辛，微寒。归肺、胃经。

【功能主治】清热利湿，解毒消肿。用于肝炎，胆囊炎，痢疾，肾炎水肿，泌尿系感染，泌尿系结石，扁桃体炎，跌打损伤。

附 地 菜

【基　　源】紫草科植物附地菜 *Trigonotis peduncularis* (Trev.) Benth. 的全草。

【药材名称】附地菜。

【别　　名】鸡肠、鸡肠草、地胡椒、搓不死、伏地菜、地瓜香。

【识别特征】①一年生草本，茎通常自基部分枝，具平伏细毛。②叶互生，匙形、椭圆形或披针形，先端圆钝或尖锐，基部狭窄，两面均具平伏粗毛。③总状花序顶生，花通常生长于花序的一侧，有柄；花冠蓝色，5裂。④小坚果三角状四边形，具细毛。花期5～6月。

【生长环境】生长于原野路旁。我国西南至东北均有分布。

【采收加工】初夏采收，鲜用或晒干。

【化学成分】花含有飞燕草素-3，5-二葡萄糖甙。地上部分含有挥发油0.013%～0.023%，其中含有74种成分，包括21种脂肪酸，20种醇，14种碳氢化合物，12种羰基化合物等。如牻牛儿醇，α-松油醇萜类化合物等。

【性味归经】甘、辛，温。归心、肝、脾、肾经。

【功能主治】温中健胃，消肿止痛，止血。用于胃痛，吐酸，吐血；外用治跌打损伤，骨折。

◎ 马鞭草科

马 鞭 草

【基　　源】马鞭草科植物马鞭草 Verbena officinatis L. 的干燥地上部分。

【药材名称】马鞭草。

【别　　名】铁马鞭、紫顶龙芽草、野荆芥。

【识别特征】①多年生草本，茎四方形，近基部可为圆形，节和棱上有硬毛。
②叶片卵圆形至倒卵形或长圆状披针形，基生叶的边缘通常有粗锯
齿和缺刻，茎生叶多数3深裂，裂片边缘有不整齐锯齿。③穗状
花序顶生和腋生，花小，无柄；花冠淡紫至蓝色，果长圆形。

【生长环境】生长在低至高海拔的路边、山坡、溪边或林旁。

【采收加工】6～8月花开时采割，除去杂质，晒干。

【化学成分】全草含马鞭草苷、戟叶马鞭草苷、羽扇豆醇、熊果酸、桃叶珊瑚苷、
蒿黄素等。

【性味归经】苦，凉。归肝、脾经。

【功能主治】活血散瘀，解毒，利水，退黄，截疟。用于癥瘕积聚，痛经经闭，
喉痹，痈肿，水肿，黄疸，疟疾。

广东紫珠

【基　　源】马鞭草科植物广东紫珠 *Callicarpa kwangtungensis* Chun 的干燥叶。

【药材名称】广东紫珠。

【别　　名】止血柴、金刀柴。

【识别特征】①灌木，幼枝略被星状毛，常带紫色，老枝黄灰色，无毛。②叶片狭椭圆状披针形、披针形或线状披针形，顶端渐尖，基部楔形，无毛，背面密生显著的细小黄色腺点，侧脉 12～15 对，边缘上半部有细齿。③聚伞花序，花冠白色或带紫红色，果实球形。

【生长环境】生长于 300～600（～1600）m 的山坡林中或灌丛中。

【采收加工】夏、秋季采割，除去杂质，晒干。

【化学成分】主含紫珠萜酮、熊果酸、齐墩果酸、槲皮素、没食子酸、水杨酸等。

【性味归经】苦、涩，平。归肝、肺、肾经。

【功能主治】止血，散瘀，清热，解毒。用于衄血，咯血，胃肠出血，子宫出血，上呼吸道感染，扁桃体炎，肺炎。外用治外伤出血，烧伤。

牡　荆

【基　　源】马鞭草科植物牡荆 *Yitex negundo L.var.cannahifolia* (Sieb. et Zucc.) Hand.-Mazz. 的叶。

【药材名称】牡荆叶。

【别　　名】黄荆柴、黄荆条。

【识别特征】①落叶灌木或小乔木；小枝四棱形。②叶对生，掌状复叶，小叶5，少有3；小叶片披针形或椭圆状披针形，顶端渐尖，基部楔形，边缘有粗锯齿，表面绿色，背面淡绿色，通常被柔毛。③圆锥花序顶生，花冠淡紫色。果实近球形，黑色。

【生长环境】生长于山坡路边灌丛中。

【采收加工】夏、秋二季叶茂盛时采收，除去茎枝。

【化学成分】叶含挥发油约0.1%，其中β-丁香烯占总量的44.94%，香桧烯占10.09%，另含α-及β-蒎烯、樟烯、月桂烯等。

【性味归经】辛、苦，平。归肺经。

【功能主治】祛痰，止咳，平喘。用于咳嗽痰多。

黄 荆

【基　　源】马鞭草科植物黄荆 *Vitex negundo* L. 的干燥果实（黄荆子）及根、茎、叶。

【药材名称】黄荆子、黄荆。

【别　　名】五指柑、五指风、布荆。

【识别特征】①落叶灌木或小乔木，枝叶有香气。新枝方形，灰白色，密被细绒毛。②叶对生；掌状复叶，具长柄，通常5出，有时3出；中间的小叶片最大，两侧次第减小，先端长尖，基部楔形，全缘或浅波状，正面淡绿色，有稀疏短毛和细油点。背面白色，密被白色绒毛。③圆锥花序，顶生；花冠淡紫色，唇形，上唇2裂，下唇3裂；雄蕊4，2强；核果，卵状球形，褐色。

【生长环境】生长于向阳山坡、原野。

【采收加工】四季可采，以夏秋采收为好，根、茎洗净切段晒干，叶、果阴干备用，叶亦可鲜用。

【化学成分】含黄酮类：如黄荆素、木犀草素-7-葡萄糖甙、艾黄素、荭草素、异荭草素；环烯醚萜甙类：如桃叶珊瑚甙、淡紫花牡荆甙；另含挥发油、有机酸类、生物碱类等。种子含对-羟基苯甲酸、5-氧异酞酸等，还含蒿黄素等。

【**性　　味**】根、茎：苦、微辛，平。叶：苦，凉。果实：苦、辛，温。

【**功能主治**】根、茎：清热止咳，化痰截疟。用于支气管炎，疟疾，肝炎。叶：
化湿截疟。用于感冒，肠炎，痢疾，疟疾，泌尿系感染；外用治湿疹，
皮炎，脚癣，煎汤外洗。果实：止咳平喘，理气止痛。用于咳嗽哮喘，
胃痛，消化不良，肠炎，痢疾。鲜叶：捣烂敷，治虫、蛇咬伤，灭蚊。
鲜全株：灭蛆。

臭　牡　丹

【**基　　源**】马鞭草科植物臭牡丹 *Clerodendrum bungei* Steud. 的新鲜或干燥根、
叶。

【**药材名称**】臭牡丹。

【**别　　名**】矮桐子、大红袍、臭八宝。

【**识别特征**】①小型落叶灌木，高 1～2 m。②叶对生，广卵形，先端尖，基
部心形，边缘有锯齿而稍带波状，正面深绿色而粗糙，具密集短毛，
背面淡绿色而近于光滑，触之有强烈臭气。③花蔷薇红色，有芳香，
为顶生密集的头状聚伞花序；花冠径约 1.5 cm，下部合生成细管
状，先端 5 裂；雄蕊 4，子房上位。花有淡红色或红色、紫色，

有臭味。核果，倒卵形或卵形，成熟后蓝紫色。

【生长环境】生长于湿润的林边、山沟及屋旁。

【采收加工】夏季采叶、秋季采根，鲜用或晒干备用。

【化学成分】含有琥珀酸、茴香酸、香草酸等。

【性　　味】辛，苦，平。

【功能主治】祛风除湿，解毒散瘀。根：用于风湿关节痛，跌打损伤，高血压病，头晕头痛，肺脓疡。叶：外用治痈疔疮疡，痔疮发炎，湿疹，还可作灭蛆用。

蔓　荆

【基　　源】马鞭草科植物单叶蔓荆 *Vitex trifolia L. var. simplicifolia* Cham. 或蔓荆 *V. trifolia L.* 的干燥成熟果实。

【药材名称】蔓荆子。

【别　　名】白叶、水稔子、三叶蔓荆。

【识别特征】①落叶灌木，罕为小乔木，有香味；小枝四棱形，密生细柔毛。②通常三出复叶，小叶片卵形、倒卵形或倒卵状长圆形，顶端钝或短尖，基部楔形，全缘，表面绿色，背面密被灰白色绒毛。③圆锥花序顶生，花序梗密被灰白色绒毛；花萼钟形，花冠淡紫色或蓝紫色，核果近圆形，成熟时黑色；果萼宿存，外被灰白色绒毛。

【生长环境】生长于平原、河滩、疏林及村寨附近。

【采收加工】秋季果实成熟时采收，除去杂质，晒干。

【化学成分】含蔓荆子碱、脂肪油、木犀草素苷、异荭草素、桃叶珊瑚苷、穗花牡荆苷、紫花牡荆素等。

【性味归经】辛、苦，微寒。归膀胱、肝、胃经。

【功能主治】疏散风热，清利头目。用于风热感冒头痛，齿龈肿痛，目赤多泪，目暗不明，头晕目眩。

大 青

【基　　源】马鞭草科植物大青 *Clerodendrum cyrtophyllum* Turcz. 的干燥茎、叶。

【药材名称】大青。

【别　　名】大青叶、臭大青。

【识别特征】①灌木或小乔木，枝黄褐色。②叶片纸质，椭圆形、卵状椭圆形、长圆状披针形，顶端渐尖或急尖，基部圆形或宽楔形，通常全缘。③伞房状聚伞花序，生长于枝顶或叶腋，花冠白色，果实球形或倒卵形，成熟时蓝紫色。

【生长环境】生长于海拔 1 700 m 以下的平原、丘陵、山地林下或溪谷旁。

【采收加工】夏、秋季采收，洗净，鲜用或切段晒干。

【化学成分】含大青甙、靛玉红等。

【性味归经】苦，寒。归胃经、心经。

【功能主治】清热解毒，凉血止血。用于外感热病，热盛烦渴，咽喉肿痛，口疮，黄疸，热毒痢，急性肠炎，痈疽肿毒，衄血，血淋，外伤出血。

◎ 唇形科

藿 香

【基　　源】唇形科植物藿香 *Agastache rugosa* (Fisch. et mey.) O. Ktze. 的干燥地上部分入药。

【药材名称】藿香。

【别　　名】排香草、土藿香。

【识别特征】①多年生草本。茎直立，四棱形。②叶心状卵形至长圆状披针形，先端尾状长渐尖，基部心形，边缘具粗齿，纸质，正面橄榄绿色。③轮伞花序多花，在主茎或侧枝上组成顶生密集的圆筒形穗状花序，花萼管状倒圆锥形，花冠淡紫蓝色，成熟小坚果卵状长圆形。

【生长环境】生长于海拔 170 ~ 1 600 m 的山坡或路旁。

【采收加工】枝叶茂盛时采割，日晒夜闷，反复至干。

【化学成分】含挥发油，黄酮类，如刺槐素、椴树素、蒙花苷、藿香苷、异藿香苷、藿香精等。

【性味归经】辛；微温。归脾、胃、肺经。

【功能主治】祛暑解表，化湿和胃。用于湿浊中阻，脘痞呕吐，暑湿表证，湿温初起，发热倦怠，胸闷不舒，寒湿闭暑，腹痛吐泻，鼻渊头痛。

紫 苏

【基　　源】唇形科植物紫苏 *Perilla frutescens* (L.) Britt. 的干燥叶（或带嫩枝）和干燥茎。

【药材名称】紫苏叶、紫苏梗。

【别　　名】赤苏、红苏、红紫苏、皱紫苏。

【识别特征】①一年生、直立草本。茎绿色或紫色，钝四棱形，具四槽，密被长柔毛。②叶阔卵形或圆形，先端短尖，基部圆形或阔楔形，边缘有粗锯齿，膜质或草质，两面绿色或紫色，正面被疏柔毛，背面被贴生柔毛。③轮伞花序 2 花，密被长柔毛，花萼钟形，花冠白色至紫红色，小坚果近球形，灰褐色。

【生长环境】生长于湿地、路旁、村野、荒地，或栽培。

【采收加工】叶于夏季枝叶茂盛时采收，除去杂质，晒干。茎于秋季果实成熟后采割，除去杂质，晒干，或趁鲜切片，晒干。

【化学成分】叶含挥发油，如紫苏醛、柠檬烯、β-丁香烯及芳樟醇等。

【性味归经】辛，温。归肺、脾经。

【功能主治】紫苏叶：解表散寒，行气和胃。用于风寒感冒，咳嗽呕吐，妊娠呕吐，鱼蟹中毒。紫苏梗：理气宽中，止痛，安胎。用于胸膈痞闷，胃脘疼痛，嗳气呕吐，胎动不安。

白 苏

【基　　源】唇形科植物白苏 *Perilla frutescens* (L.) Britt. 的叶、嫩枝、茎（苏梗）和果实（白苏子或玉苏子）入药。

【药材名称】白苏。

【别　　名】野苏麻、白苏子、玉苏子、苏梗。

【识别特征】①一年生草本，茎直立，钝四棱形，具四槽，密被长柔毛。②叶对生，基部圆形或阔楔形，边缘有粗锯齿，两面绿色，正面被疏柔毛。③轮伞花序2花，花萼钟形，花冠通常白色；小坚果近球形，具网纹。

【生长环境】全国各地广泛分布。

【采收加工】夏季采叶或嫩枝，7～8月间果实成熟时割取全草或果穗，打落果实，除去杂质，晒干即成白苏子。主茎（苏梗）切片晒干。

【化学成分】含紫苏醛、紫苏酮、香薷酮、左旋柠檬烯、蒎烯、肉豆蔻醚等。

【性　　味】辛，温。

【功能主治】散寒解表，理气宽中。用于风寒感冒，头痛，咳嗽，胸腹胀满。

庐山香科科

【基　　　源】唇形科植物庐山香科科 *Teucrium pernyi* Franch. 干燥的地上部分。

【药材名称】庐山香科科。

【别　　　名】双判草、野荏荷。

【识别特征】①多年生草本，具匍匐茎，茎直立，基部近圆柱形，上部四棱形，密被白色向下弯曲的短柔毛。②叶片卵圆状披针形，先端短渐尖或渐尖，基部圆形或阔楔形下延，边缘具粗锯齿，两面被微柔毛。③轮伞花序常 2 花，松散，偶达 6 花，于茎及短于叶的腋生短枝上组成穗状花序；花萼钟形，花冠白色，小坚果倒卵形，棕黑色，具极明显的网纹。

【生长环境】生长于山地及原野，海拔 150 ~ 1 120 m。

【采收加工】枝叶茂盛时采收，除去杂质，晒干。

【化学成分】全草含三萜类化合物；庐山香科素 A、B、C、D，山藿香定、黄花石蚕素、高山香科素 D、林石蚕素等。

【性　　　味】辛、微苦，凉。

【功能主治】清热解毒，凉肝活血。用于肺脓疡，小儿惊风，痈疮，跌打损伤。

风 轮 菜

【基　源】唇形科植物风轮菜 *Clinopodium chinense* (Benth.) O. Ktze. 干燥的
地上部分。

【药材名称】风轮菜。

【别　名】苦刀草、九层塔、山薄荷、野薄荷。

【识别特征】①多年生草本。茎多分枝，四棱形，具细条纹，密被短柔毛及腺
微柔毛。②叶卵圆形，不偏斜，先端急尖或钝，基部圆形呈阔楔形，
边缘具大小均匀的圆齿状锯齿，坚纸质，正面橄绿色，背面灰白色。
③轮伞花序多花密集，半球状，花萼狭管状，紫红色，花冠紫红色，
小坚果倒卵形。

【生长环境】生长于海拔 1 000 m 以下的山坡、草丛、路边、灌丛、林下。

【采收加工】夏、秋季采收，洗净，切段，晒干或鲜用。

【化学成分】含三萜皂苷如风轮菜皂苷 A; 黄酮类如香蜂草苷、橙皮苷、异樱花素、
芹菜素等。

【性　味】辛，苦，凉。

【功能主治】疏风清热，解毒消肿，止血。用于感冒，中暑，痢疾，肝炎；外
用治疗疮肿毒，皮肤瘙痒，外伤出血。

瘦 风 轮

【基　　源】唇形科植物瘦风轮 *Clinopodium gracile* (Benth.) Matsum. 的干燥全草。

【药材名称】瘦风轮。

【别　　名】塔花、剪刀草、细风轮菜、野凉粉草、瘦风轮。

【识别特征】①纤细草本。茎多数，自匍匐茎生出，四棱形，具槽，被倒向的短柔毛。②最下部的叶圆卵形，细小，先端钝，基部圆形，边缘具疏圆齿，较下部或全部叶均为卵形，较大先端钝，基部圆形或楔形，边缘具疏牙齿或圆齿状锯齿，薄纸质，侧脉 2～3 对；上部叶及苞叶卵状披针形，先端锐尖，边缘具锯齿。③轮伞花序分离，或密集于茎端成短总状花序，疏花；花萼管状，花冠白至紫红色，小坚果卵球形，褐色。

【生长环境】生长于海拔 2 400 m 以下的路旁、沟边、空旷草地、林缘、灌丛中。

【采收加工】6～8 月采收全草，晒干或鲜用。

【化学成分】含醉鱼草皂苷、瘦风轮皂苷、柴胡皂苷 A 等。

【性味归经】辛，苦，凉。归肺、胆、肝、脾经。

【功能主治】祛风清热，行气活血，解毒消肿。用于白喉，咽喉肿痛，肠炎，痢疾，乳腺炎，雷公藤中毒；外用治过敏性皮炎。

地笋

【基　　源】唇形科植物地笋 *Lycopus lucidus* Turcz. 的根茎。

【药材名称】地笋。

【别　　名】地笋子、地蚕子、地藕。

【识别特征】①多年生草本，茎直立，四棱形，具槽，绿色，节上带紫红色。
②叶长圆状披针形，先端渐尖，基部渐狭，边缘具锐尖粗牙齿状锯齿，两面或正面具光泽，亮绿色，两面均无毛，侧脉 6 ~ 7 对。
③轮伞花序，轮廓圆球形，花萼钟形，花冠白色，小坚果倒卵圆状四边形，褐色。

【生长环境】生长于海拔 320 ~ 2 100 m 的沼泽地、水边、沟边等潮湿处。

【采收加工】秋季采挖，除去地上部分，洗净，晒干。

【化学成分】含葡萄糖，泽兰糖，水苏糖，棉子糖，蔗糖；另含虫漆蜡，白桦脂酸，熊果酸，β- 谷甾醇。

【性味归经】甘、辛，温。归肝、脾经。

【功能主治】活血化瘀，行水消肿。用于月经不调、经闭、痛经、产后瘀血腹痛、水肿等症。

薄 荷

【基　　源】唇形科植物薄荷 *Mentha haplocalyx* Briq. 的干燥地上部分。

【药材名称】薄荷。

【别　　名】野薄荷、夜息香。

【识别特征】①多年生草本。茎直立，四棱形，具四槽，多分枝。②叶片长圆
状披针形，披针形，椭圆形或卵状披针形，先端锐尖，基部楔形至
近圆形，边缘疏生粗大的牙齿状锯齿，侧脉约 5～6 对。③轮伞
花序腋生，轮廓球形，花萼管状钟形，花冠淡紫，外面略被微柔毛；
小坚果卵珠形，黄褐色。

【生长环境】生长于水旁潮湿地，海拔可高达 3 500 m。

【采收加工】夏、秋二季茎叶茂盛或花开至三轮时，选晴天，分次采割，晒干
或阴干。

【化学成分】薄荷鲜叶含挥发油，油中主要成分为左旋薄荷醇、左旋薄荷酮、
异薄荷酮等。另含黄酮类成分如异瑞福灵、薄荷异黄酮苷以及多种
有机酸等。

【性味归经】辛，凉。归肺、肝经。

【功能主治】疏散风热，清利头目，利咽，透疹，疏肝行气。用于风热感冒，
风温初起，头痛，目赤，喉痹，口疮，风疹，麻疹，胸胁胀闷。

药用植物标本采集与制作技术

丹 参

【基　　源】唇形科植物丹参 *Salvia miltiorrhiza* Bge. 的干燥根和根茎。

【药材名称】丹参。

【别　　名】赤参、紫丹参、红根。

【识别特征】①多年生直立草本，茎直立，四棱形，具槽，密被长柔毛，多分枝。②叶常为奇数羽状复叶，小叶卵圆形或椭圆状卵圆形或宽披针形，先端锐尖或渐尖，基部圆形或偏斜，边缘具圆齿，草质，两面被疏柔毛。③轮伞花序6花或多花，下部者疏离，上部者密集，花萼钟形，带紫色，花冠紫蓝色，小坚果黑色，椭圆形。

【生长环境】生长于海拔120～1 300 m 的山坡、林下草丛或溪谷旁。

【采收加工】春、秋二季采挖，除去泥沙，干燥。

【化学成分】主含脂溶性的二萜类成分和水溶性的酚酸成分，还含黄酮类、三萜类、甾醇等成分。脂溶性成分有丹参酮Ⅰ、ⅡA、ⅡB，隐丹参酮等；水溶性成分有丹参酸A、B、C等。

【性味归经】苦，微寒。归心、肝经。

【功能主治】活血祛瘀，调经止痛，清心除烦，凉血消痈。用于胸痹心痛，脘腹胁痛，癥瘕积聚，热痹疼痛，心烦不眠，月经不调，痛经经闭，疮疡肿痛。

益 母 草

【基　　源】唇形科植物益母草 *Leonurus artemisia* Houtt. 的新鲜或干燥地上部分。

【药材名称】益母草。

【别　　名】益母蒿、益母艾、红花艾、坤草。

【识别特征】①一年生或二年生草本，茎直立，钝四棱形，微具槽，多分枝。②叶轮廓变化很大，茎下部叶轮廓为卵形，基部宽楔形，掌状 3 裂，正面绿色，背面淡绿色，叶脉突出；茎中部叶轮廓为菱形，较小，通常分裂成 3 个，基部狭楔形；花序最上部的苞叶近于无柄，线形或线状披针形。③轮伞花序腋生，具 8 ～ 15 花，轮廓为圆球形，花冠粉红至淡紫红色；小坚果长圆状三棱形。

【生长环境】生长于多种生境，尤以朝阳处为多，海拔可高达 3 400 m。

【采收加工】鲜品春季幼苗期至初夏花前期采割；干品夏季茎叶茂盛、花未开或初开时采割，晒干，或切段晒干。

【化学成分】全草含益母草碱、水苏碱、益母草碱甲和乙、芸香甙和延胡索酸等。

【性味归经】苦、辛，微寒。归肝、心包、膀胱经。

【功能主治】活血调经，利尿消肿，清热解毒。用于月经不调，痛经经闭，恶露不尽，水肿尿少，疮疡肿毒。

夏 枯 草

【基　　源】唇形科植物夏枯草 *Prunella vulgaris* L. 的干燥果穗。

【药材名称】夏枯草。

【别　　名】铁色草、大头花、棒柱头花。

【识别特征】①多年生草木，茎基部多分枝，钝四棱形，紫红色。②茎叶卵状长圆形或卵圆形，先端钝，基部圆形、截形至宽楔形，下延至叶柄成狭翅，边缘具不明显的波状齿，草质，正面橄榄绿色，背面淡绿色，侧脉3～4对。③轮伞花序密集组成顶生长2～4 cm的穗状花序，花萼钟形，花冠紫、蓝紫或红紫色，小坚果黄褐色，长圆状卵珠形。

【生长环境】生长于荒坡、草地、溪边及路旁等湿润地上，海拔高可达3 000 m。

【采收加工】夏季果穗呈棕红色时采收，除去杂质，晒干。

【化学成分】全草含有以齐敦果酸为苷元的三萜皂苷、芸香苷、金丝桃苷等苷类，亦含熊果酸、咖啡酸、及游离的齐敦果酸等有机酸。

【性味归经】辛，苦，寒。归肝、胆经。

【功能主治】清肝泻火，明目，散结消肿。用于目赤肿痛，目珠夜痛，头痛眩晕，瘰疬，瘿瘤，乳痈，乳房胀痛。

活 血 丹

【基　　　源】唇形科植物活血丹 *Glechoma longituba* (Nakai) Kupr 的新鲜或干燥的全草。

【药材名称】活血丹。

【别　　　名】遍地香、连钱草、铜钱草。

【识别特征】①多年生草本，具匍匐茎，逐节生根。茎高四棱形，基部呈淡紫红色。②叶草质，心形或近肾形，先端急尖或钝三角形，基部心形，边缘具圆齿叶脉不明显，背面常带紫色，被疏柔毛或长硬毛。③轮伞花序通常2花，花萼管状，外面被长柔毛，花冠淡蓝、蓝至紫色，成熟小坚果深褐色，长圆状卵形。

【生长环境】生长于海拔50～2 000 m的林缘、疏林下、草地中、溪边等阴湿处。

【采收加工】4～5月采收全草，晒干或鲜用。

【化学成分】茎叶含挥发油，主要成分为左施松樟酮、旋薄荷酮、胡薄荷酮、α-蒎烯、薄荷醇及 α-松油醇等。

【性味归经】苦、辛，凉。归肝、胆、膀胱经。

【功能主治】利湿通淋，清热解毒，散瘀消肿。用于热淋石淋，湿热黄疸，疮痈肿痛，跌打损伤。

药用植物标本采集与制作技术

石 香 薷

【基　源】唇形科植物石香薷 *Mosla chinensis* maxim. 或江香薷 *Mosla chinensis* maxim. cv. *jiangxiangru* 的干燥地上部分。前者习称"青香薷"，后者习称"江香薷"。

【药材名称】香薷。

【别　名】野香薷、野荆芥。

【识别特征】①一年生草本。茎高四棱形，具浅槽，多分枝。②叶卵状披针形或菱伏披针形，先端渐尖或急尖，基部渐狭，边缘具锐尖的疏齿，近基部全缘，纸质，正面橄榄绿色，背面灰白色，无毛。③总状花序生长于主茎及分枝的顶部，花冠淡紫色，外面被微柔毛，小坚果灰褐色，近球形。

【生长环境】生长于海拔 175 ~ 2 300 m 的山坡、路旁或水边。

【采收加工】夏季茎叶茂盛，花盛时择晴天采割，除去杂质，阴干。

【化学成分】茎叶含挥发油、麝香草酚与香荆芥酚。

【性味归经】辛，微温。归肺、胃经。

【功能主治】发汗解表，化湿和中。用于暑湿感冒，恶寒发热，头痛无汗，腹痛吐泻，水肿，小便不利。

◎ 茄科

宁 夏 枸 杞

【基　　源】茄科植物宁夏枸杞 *Lycium barbarum* L. 的干燥成熟果实。

【药材名称】枸杞子。

【别　　名】枸杞菜、红珠仔刺、狗牙根、狗奶子。

【识别特征】①多分枝灌木，枝条细弱，弓状弯曲或俯垂，淡灰色，有纵条纹，
小枝顶端锐尖成棘刺状。②叶纸质，单叶互生或 2～4 枚簇生，卵形、
卵状菱形、长椭圆形、卵状披针形，顶端急尖，基部楔形。③花在
长枝上单生或双生长于叶腋，在短枝上则同叶簇生；花冠漏斗状，
淡紫色；浆果红色，卵状。

【生长环境】生长于山坡、荒地、丘陵地、盐碱地、路旁及村边宅旁。

【采收加工】夏、秋二季果实呈红色时采收，热风烘干，除去果梗，或晾至皮皱后，
晒干，除去果梗。

【化学成分】果实含甜菜碱、阿托品、天仙子胺及多糖等。

【性味归经】甘，平。归肝、肾经。

【功能主治】滋补肝肾，益精明目。用于虚劳精亏，腰膝酸痛，眩晕耳鸣，阳
痿遗精，内热消渴，血虚萎黄，目昏不明。

药用植物标本采集与制作技术

龙 葵

【基　　源】茄科植物龙葵 *Solanum nigrum* L. 的干燥全草。

【药材名称】龙葵。

【别　　名】天茄子、牛酸浆、乌甜菜。

【识别特征】①一年生直立草本，茎无棱或棱不明显，绿色或紫色。②叶卵形，先端短尖，基部楔形至阔楔形而下延至叶柄，全缘或每边具不规则的波状粗齿，光滑或两面均被稀疏短柔毛，叶脉每边 5 ~ 6 条。③蝎尾状花序腋外生，花冠白色，浆果球形，熟时黑色。

【生长环境】生长于路边、荒地，各地常见。

【采收加工】夏、秋季采割全草，除去杂质，干燥，切段。

【化学成分】含澳洲茄碱、澳洲茄边碱、β - 澳洲茄边碱等。

【性　　味】苦、微甘，寒；有小毒。

【功能主治】清热解毒，利水消肿。用于感冒发烧，牙痛，慢性支气管炎，痢疾，泌尿系感染，乳腺炎，带下病，癌症；外用治痈疖疔疮，天疱疮，蛇咬伤。

酸 浆

【基　　源】茄科植物酸浆 *Physalis alkekengi* L. var. *franchetii* (Mast.) makino 的干燥宿萼或带果实的宿萼。

【药材名称】锦灯笼。

【别　　名】锦灯笼、小果酸浆、挂金灯、红灯笼。

【识别特征】①多年生草本，茎直立，不分枝或少分枝，密生短柔毛。②叶较厚，阔卵形或心脏形，顶端短渐尖，基部对称心脏形，全缘或有少数不明显的尖牙齿，两面密生柔毛。③花单独腋生，花冠阔钟状，黄色而喉部有紫色斑纹，5浅裂，花丝及花药蓝紫色，浆果成熟时黄色。

【生长环境】生长于海拔1 200～2 100 m的路旁或河谷。

【采收加工】秋季果实成熟、宿萼呈红色或橙红色时采收，干燥。

【化学成分】浆果含酸浆醇A、B；种子中含禾本甾醇、钝叶醇、环木菠萝烷醇、环木菠萝烯醇等。

【性味归经】苦，寒。归肺经。

【功能主治】清热解毒，利咽化痰，利尿通淋。用于咽痛音哑，痰热咳嗽，小便不利，热淋涩痛，外治天疱疮，湿疹。

珊 瑚 豆

【基　　　源】茄科植物珊瑚豆 *Solanum pseudocapsicum* L. var. *diflorum* (Vell.) Bitter 的全草。

【药材名称】珊瑚豆。

【别　　　名】珊瑚子、玉珊瑚、洋海椒、冬珊瑚。

【识别特征】①直立分枝小灌木，高 0.3～1.5 m。②叶双生，大小不相等，椭圆状披针形，先端钝或短尖，基部楔形下延成短柄，叶面无毛，边全缘或略作波状，中脉在背面凸出，侧脉每边 4～7 条。③花序短，腋生，通常 1～3 朵，单生或成蝎尾状花序；萼绿色，5 深裂，花冠白色，子房近圆形。浆果单生，球状，珊瑚红色或桔黄色，种子扁平。

【生长环境】生长于海拔 1 350～2 800 m 的田边、路旁、丛林中或水沟边。

【采收加工】秋季采，晒干。

【化学成分】叶含毛叶冬珊瑚碱等。

【性　　　味】辛，温；小毒。

【功能主治】祛湿通络，消肿止痛。用于风湿痹痛，腰背疼痛，跌打损伤，无名肿毒。

白英

【基　　源】茄科植物白英 *Solanum lyratum* Thunb. 新鲜或干燥的全草。

【药材名称】白英。

【别　　名】山甜菜、蔓茄、北风藤、白毛藤。

【识别特征】①草质藤本，茎及小枝均密被具节长柔毛。②叶互生，多数为琴形，基部常3～5深裂，裂片全缘，侧裂片愈近基部的愈小，通常卵形，先端渐尖，两面均被白色发亮的长柔毛，中脉明显，侧脉在背面较清晰，每边5～7条。③聚伞花序顶生或腋外生，疏花，被具节的长柔毛，花冠蓝紫色或白色；浆果球状，成熟时红黑色。

【生长环境】生长于海拔600～2 800 m的山谷草地或路旁、田边。

【采收加工】夏、秋茎叶生长旺盛时期收割全草，收取后直接晒干，或洗净鲜用。

【化学成分】茎及果实含有茄碱（即龙葵碱）、果皮尚含有花色苷及其苷元。

【性味归经】苦，微寒。归肝、胆经。

【功能主治】清热解毒，祛风利湿，抗癌。用于感冒发热，黄疸型肝炎，胆囊炎，胆石病，肾炎水肿，子宫颈糜烂，癌症等疾病。

◎ 玄参科

阴 行 草

【基　　源】玄参科植物阴行草 *Siphonostegia chinensis* Benth. 的全草。

【药材名称】阴行草。

【别　　名】刘寄奴、土茵陈、金钟茵陈。

【识别特征】①一年生草本，直立，密被锈色短毛。茎多单条，中空，枝对生。
②叶对生，全部为茎出，叶片基部下延，扁平，密被短毛；叶片厚
纸质，广卵形，两面皆被短毛。③花对生长于茎枝上部，构成疏
稀的总状花序；花冠上唇红紫色，下唇黄色，蒴果披针状长圆形。

【生长环境】生长于海拔 800～4 000 m 的干山坡与草地中。

【采收加工】全草含 3-羟基 -16-甲基 - 十七烷酸、木犀草素、β-谷甾醇、
阴行草醇、异茶茱萸碱、黑麦草内酯等。

【化学成分】立秋至白露采割，去净杂质，切段，晒干或鲜用。

【性　　味】苦，寒。

【功能主治】清热利湿，凉血止血，祛瘀止痛。用于黄疸型肝炎，胆囊炎，蚕豆病，
泌尿系结石，小便不利，尿血，便血，产后淤血腹痛；外用治创伤
出血，烧伤烫伤。

通 泉 草

【基　　源】玄参科植物通泉草 *Mazus japonicus* (Thunb.) O. Kuntze 的全草。

【药材名称】通泉草。

【别　　名】汤湿草、猪胡椒、野田菜、鹅肠草、绿蓝花。

【识别特征】①一年生草本，高 3 ～ 30 cm，无毛或疏生短柔毛。②基生叶少
到多数，倒卵状匙形至卵状倒披针形，膜质至薄纸质，顶端全缘或
有不明显的疏齿，基部楔形，下延成带翅的叶柄。③总状花序生长
于茎、枝顶端，花冠白色、紫色或蓝色，上唇裂片卵状三角形，下
唇中裂片较小，稍突出，倒卵圆形。④蒴果球形；种子小而多数，
黄色。花果期 4 ～ 10 月。

【生长环境】生长于海拔 2 500 m 以下的湿润的草坡、沟边、路旁及林缘。

【采收加工】春夏秋可采收，洗净，鲜用或晒干。

【化学成分】含三萜皂苷类成分。

【性　　味】苦，平。

【功能主治】止痛，健胃，解毒。用于偏头痛，
消化不良，外用治疔疮，脓疱疮，
烫伤。

玄　参

【基　　源】玄参科植物玄参 *Scrophularia ningpoensis* Hemsl 的干燥根。

【药材名称】玄参。

【别　　名】元参、浙玄参、黑参。

【识别特征】①高大草本，茎四棱形，有浅槽，常分枝。②叶在茎下部多对生而具柄，上部有时互生而柄极短，叶片多为卵形，有时为卵状披针形至披针形，基部楔形、圆形或近心形，边缘具细锯齿。③花序为疏散的大圆锥花序，由顶生和腋生的聚伞圆锥花序合成，花冠筒球形，蒴果卵圆形。

【生长环境】生长于海拔 1 700 m 以下的竹林、溪旁、丛林及高草丛中；并有栽培。

【采收加工】冬季茎叶枯萎时采挖，除去根茎、幼芽、须根及泥沙，晒或烘至半干，堆放 3 ～ 6 天，反复数次至干燥 。

【化学成分】含微量挥发油、植物甾醇、油酸、亚麻酸、糖类、左旋天冬酰胺及生物碱等。

【性味归经】甘、苦、咸、微寒。归肺、胃、肾经。

【功能主治】清热凉血，滋阴降火，解毒散结。用丁热入营血，温毒发斑，热病伤阴，舌绛烦渴，津伤便秘，骨蒸劳嗽，目赤，咽痛，白喉，瘰疬，痈肿疮毒。

婆婆纳

【基　　源】玄参科植物婆婆纳 *Veronica didyma* Tenore 的全草。

【药材名称】婆婆纳。

【别　　名】狗卵草、双珠草、双铜锤、双肾草、卵子草、石补钉。

【识别特征】①一年生或越年生草本，具短柔毛。茎自基部分枝成丛，高
　　　　　　5～20 cm。②单叶，在茎下部对生，上部互生；叶片卵形或近
　　　　　　圆形，边缘具圆齿，基部圆形。③花单生长于叶腋，直径 1 cm；
　　　　　　花冠淡红紫色，基部结合；雄蕊 2；雌蕊由 2 心皮组成。④蒴果，
　　　　　　种子长圆形或卵形。花期 3～4 月。

【生长环境】多生长于路边、墙脚、荒草坪或菜园中。我国大部地区均有分布。

【采收加工】3～4 月采挖，晒干或鲜用。

【化学成分】全草含 4- 甲氧基高山黄芩素 -7-O-D- 葡萄糖甙、6- 羟基木犀
　　　　　　草素 -7-O- 二葡萄糖甙、大波斯菊甙和木犀草素 -7-O- 吡喃葡萄
　　　　　　糖甙等。

【性味归经】甘、淡，凉。归肝、肾经。

【功能主治】补肾壮阳，凉血止血，理气止痛。用于吐血，疝气，子痫，带下病，
　　　　　　崩漏，小儿虚咳，阳痿，骨折。

药用植物标本采集与制作技术

◎ **大戟科**

白 背 叶

【基　　源】大戟科植物白背叶 *Mallotus apelta* (Lour.) Muell.-Arg. 的根或叶。

【药材名称】白背叶。

【别　　名】白鹤草、叶下白、白背木、白背娘、白朴树、白帽顶。

【识别特征】①灌木或小乔木，高 1～3（～4）m；密被淡黄色星状柔毛。
②叶互生，卵形或阔卵形，顶端急尖或渐尖，基部截平或稍心形，
边缘具疏齿。基出脉 5 条，侧脉 6～7 对；叶柄长 5～15 cm。
③花雌雄异株，雄花序为开展的圆锥花序或穗状，雌花序穗状。
④蒴果近球形，密生被灰白色星状毛的软刺，种子近球形，褐色
或黑色，具皱纹。花期 6～9 月，果期 8～11 月。

【生长环境】生长于海拔 30～1 000 m 山坡或山谷灌丛中。

【采收加工】根全年可采，洗净，切片，晒干。叶多鲜用，或夏、秋采集，晒
干研粉。

【化学成分】主含苯并吡喃类、生物碱、黄酮类及香豆素类。

【性味归经】微苦、涩，平。归肝、脾经。

【功能主治】根：柔肝活血，健脾化湿，收敛固脱。用于慢性肝炎，肝脾肿大，
子宫脱垂，脱肛，带下病，妊娠水肿。叶：消炎止血。用于中耳炎，
疖肿，跌打损伤，外伤出血。

◎ 紫葳科

凌 霄

【基　　源】紫葳科植物凌霄 *Campsis grandiflora* (Thunb.) Schum. 的花。

【药材名称】凌霄花。

【别　　名】倒挂金钟、吊墙花、堕胎花、藤萝花。

【识别特征】①攀援藤本；茎木质，枯褐色，以气生根攀附于它物之上。②叶对生，为奇数羽状复叶；小叶7～9枚，卵形至卵状披针形，顶端尾状渐尖，基部阔楔形，两侧不等大，侧脉6～7对，边缘有粗锯齿。③顶生疏散的短圆锥花序，花萼钟状，花冠内面鲜红色，外面橙黄色，裂片半圆形。④蒴果。花期5～8月。

【生长环境】生长于海拔400～1 200 m的地区，有人工栽培作药用及观赏用。

【采收加工】夏、秋二季花盛开时采收。干燥。

【化学成分】含芹菜素、β-谷甾醇等。

【性味归经】甘、酸，寒。归肝、心包经。

【功能主治】行血祛瘀，凉血祛风。用于月经不调，经闭，产后乳肿，风疹发红，皮肤瘙痒，痤疮。

爵　床

【基　　源】爵床科植物爵床 *Rostellularia procumbens* (L.) Nees 全草。

【药材名称】爵床。

【别　　名】小青草、六角英、孩儿草。

【识别特征】①草本，茎基部匍匐。②叶椭圆形至椭圆状长圆形，先端锐尖或
　　　　　　　钝，基部宽楔形或近圆形，两面常被短硬毛。③穗状花序顶生或生
　　　　　　　上部叶腋，花冠粉红色，蒴果上部具 4 粒种子，下部实心似柄状。
　　　　　　　种子表面有瘤状皱纹。

【生长环境】产秦岭以南，海拔 1 500 m 以下的山坡林间草丛中。

【采收加工】夏秋采集，鲜用或晒干。

【化学成分】含爵床脂定 A、山荷叶素、爵床脂定 E、新爵床脂纱 A-D 等。

【性味归经】微苦，寒。归肺、肝、膀胱经。

【功能主治】清热解毒，利尿消肿，截疟。用于感冒发热，疟疾，咽喉肿痛，
　　　　　　　小儿疳积，痢疾，肠炎，肾炎水肿，泌尿系感染，乳糜尿；外用治
　　　　　　　痈疮疔肿，跌打损伤。

白 接 骨

【基　　源】爵床科植物白接骨 *Asystasiella neesiana* (Wall.) Lindau 根茎或全草。

【药材名称】白接骨。

【别　　名】玉龙盘、无骨苎麻、玉梗半枝莲、玉接骨、血见愁。

【识别特征】①草本，富黏液，竹节形根状茎；茎略呈 4 棱形。②叶卵形至椭圆状矩圆形，顶端尖至渐尖，边缘微波状至具浅齿，基部下延成柄，叶片纸质。③总状花序顶生，花单生或对生，花冠淡紫红色，漏斗状，蒴果。

【生长环境】生长于林下或溪边。

【采收加工】夏秋采收，洗净，鲜用或晒干。

【性味归经】苦、淡，凉。归脾经。

【功能主治】化瘀止血，续筋接骨，利尿消肿，清热解毒。用于吐血，便血，外伤出血，跌打瘀肿，扭伤骨折，风湿肢肿，腹水，疮疡溃烂，咽喉肿痛。

◎ 苦苣苔科

石 吊 兰

【基　　源】苦苣苔科植物石吊兰 *Lysionotus pauciflorus* maxim. 的全草。

【药材名称】石吊兰。

【别　　名】石豇豆、石泽兰、石三七。

【识别特征】①常绿附生半灌木。匍匐茎灰褐色。②叶对生或轮生，革质，叶片大小、形状变化较大，楔形、楔状条形，狭矩圆形，狭卵形，先端钝或短尖，基部楔形或钝园，边缘在中部以上有牙齿，下部全缘或微波状，正面深绿色，有光泽，背面淡绿色，无毛。③花序腋生，有花 1 ~ 4 朵，花冠白色至淡红色，管状，蒴果条形。

【生长环境】生长于海拔 300 ~ 2 000 m 的丘陵、山地林中或阴处石岩上或树上。

【采收加工】8 ~ 9 月采收，晒干。

【化学成分】全草含石吊兰素，即内华达素。

【性味归经】苦、辛，平。归肺经。

【功能主治】清热利湿，祛痰止咳，活血调经。用于咳嗽，支气管炎，痢疾，钩端螺旋体病，风湿疼痛，跌打损伤，月经不调，带下病。

◎ 车前科

车 前

【基　　源】车前科植物车前 *Plantago asiatica* L 的全株及干燥成熟种子。

【药材名称】车前草、车前子。

【别　　名】虾蟆草、地胆头、白贯草、地胆头、白贯草。车前实、虾蟆衣子。

【识别特征】①一年生或二年生草本，直根长，具多数侧根。②叶基生呈莲座状，叶片纸质，椭圆形、椭圆状披针形或卵状披针形，先端急尖，边缘具浅波状钝齿，基部宽楔形至狭楔形，下延至叶柄，脉 5 ～ 7 条，叶柄基部扩大成鞘状。③花序 3 ～ 10 余个；花序梗疏生白色短柔毛；穗状花序细圆柱状，花冠白色，蒴果卵状椭圆形，种子黄褐色至黑色。

【生长环境】生长于草地、河滩、沟边、草甸、田间及路旁，海拔 5 ～ 4 500 m。

【采收加工】全草夏季采收，去尽泥土，晒干。种子于夏、秋二季成熟时采收果穗，晒干，搓出种子，除去杂质。

【化学成分】含车前甙、高车前甙、桃叶珊瑚甙、3，4- 二羟基桃叶珊瑚甙、熊果酸等。

【性味归经】全草甘、淡，微寒。归肝、脾经。种子甘，微寒。归肝、肾、肺、小肠经。

药用植物标本采集与制作技术

【功能主治】全草：清热利尿，渗湿止泻，明目，祛痰。用于小便不通，淋浊，带下，尿血，黄疸，水肿，热肉，泄泻，鼻衄，目赤肿痛等。种子：清热利尿，渗湿通淋，明目，祛痰。用于水肿胀满，热淋涩痛，暑湿泄泻，目赤肿痛，痰热咳嗽。

◎ 忍冬科

忍 冬

【基　　源】忍冬科植物忍冬 *Lonicera japonica* Thunb. 的干燥茎枝。

【药材名称】忍冬藤。

【别　　名】银花藤、大薜荔、水杨藤、千金藤。

【识别特征】①半常绿藤本，密被黄褐色、开展的硬直糙毛、腺毛和短柔毛。②叶纸质，卵形至矩圆状卵形，顶端尖或渐尖，基部圆或近心形，有糙缘毛，正面深绿色，背面淡绿色。③总花梗通常单生长于小枝上部叶腋，花冠白色，有时基部向阳面呈微红，后变黄色，果实圆形，熟时蓝黑色。

【生长环境】生长于山坡灌丛或疏林中及村庄篱笆边，海拔最高达 1 500 m。

【采收加工】秋、冬二季采割，晒干。

【化学成分】藤含绿原酸、异绿原酸。叶含木犀草素、忍冬素、3-甲氧基-5，7，4-三羟基黄酮、异绿原酸、咖啡酸、香草酸等。

【性味归经】甘，寒。归肺、胃经。

【功能主治】清热解毒，疏风通络。用于温病发热，热毒血痢，痈肿疮疡，风湿热痹，关节红肿热痛。

陆　英

【基　　源】忍冬科植物陆英 *Sambucus chinensis* Lindl. 的茎叶。

【药材名称】陆英。

【别　　名】八棱麻、走马风。

【识别特征】①高大草本或半灌木，茎有棱条，髓部白色。②小叶 2 ～ 3 对，互生或对生，狭卵形，先端长渐尖，基部钝圆，两侧不等，边缘具细锯齿，顶生小叶卵形或倒卵形，基部楔形。③复伞形花序顶生，花冠白色，果实红色，近圆形。

【生长环境】生长于海拔 300 ～ 2 600 m 的山坡、林下、沟边和草丛中，亦有栽种。

【采收加工】夏、秋季采收，切段，鲜用或晒干。

【化学成分】含氯原酸、α-香树脂素棕榈酸酯、熊果酸、β-谷甾醇、豆甾醇、油菜甾醇、黄酮类、鞣质等。

【性味归经】甘、淡、微苦，平。归肝经。

【功能主治】利尿消肿，活血止痛。用于肾炎水肿，腰膝酸痛；外用治跌打肿痛。

◎ 败酱草科

白花败酱

【基　　源】败酱草科植物白花败酱 *Patrinia villosa* (Thunb.) Juss. 的全草。

【药材名称】败酱草。

【别　　名】白花败酱、苦益菜、萌菜、苦斋。

【识别特征】①多年生草本，茎密被白色倒生粗毛。②基生叶丛生，叶片卵形、
　　　　　　宽卵形或卵状披针形至长圆状披针形，先端渐尖，边缘具粗钝齿，
　　　　　　基部楔形下延；茎生叶对生，与基生叶同形，正面鲜绿色或浓绿色，
　　　　　　背面绿白色。③由聚伞花序组成顶生圆锥花序或伞房花序，花冠钟
　　　　　　形，白色，5 深裂，瘦果倒卵形。

【生长环境】生长于山地林下、林缘或灌丛中、草丛中。

【采收加工】全草夏秋采割，洗净晒干。

【化学成分】含白花败酱甙、马钱子甙、莫罗忍冬甙、齐墩果酸、棕榈酸等。

【性味归经】苦、辛，凉。归胃、大肠、肝经。

【功能主治】清热利湿，解毒排脓，活血化瘀，清心安神。用于肠痈、肺痈及
　　　　　　疮痈肿毒，实热瘀滞所致的胸腹疼痛，产后瘀滞腹痛等症。

羊　乳

【基　　源】桔梗科植物羊乳 *Codonopsis lanceolata* (Sieb. et Zucc.) Trautv. 的根。

【药材名称】羊乳。

【别　　名】奶参、四叶参、轮叶党参。

【识别特征】①植株全体光滑无毛或偶疏生柔毛。茎基略近于圆锥状或圆柱状，表面有瘤状茎痕，根肥大呈纺锤状，表面灰黄色。茎缠绕，黄绿而微带紫色。②叶在主茎上的互生，披针形或菱状狭卵形；在小枝顶端通常2～4叶簇生，叶片菱状卵形、狭卵形或椭圆形，顶端尖或钝，基部渐狭，全缘或有疏波状锯齿，正面绿色，背面灰绿色，叶脉明显。③花单生或对生长于小枝顶端；花冠阔钟状，黄绿色或乳白色内有紫色斑；蒴果。

【生长环境】生长于山地灌木林下沟边阴湿地区或阔叶林内。

【采收加工】秋季采挖，洗净、晒干，生用，亦用鲜品。

【化学成分】含合欢酸、齐墩果酸、环阿屯醇、α-菠甾醇等。

【性味归经】甘、辛，平。归肺、肝、脾、大肠经。

【功能主治】补血通乳，清热解毒，消肿排脓。用于肺痈，乳痈，肠痈，肿毒，瘰疬，喉蛾，乳少，带下病等。

半 边 莲

【基　　源】桔梗科植物半边莲 *Lobelia chinensis* Lour. 的全草。

【药材名称】半边莲。

【别　　名】急解索，细米草，瓜仁草。

【识别特征】①多年生草本。茎细弱，匍匐，分枝直立，无毛。②叶互生，椭圆状披针形至条形，先端急尖，基部圆形至阔楔形，全缘或顶部有明显的锯齿。③花通常1朵，生分枝的上部叶腋，花冠粉红色或白色，背面裂至基部，喉部以下生白色柔毛，裂片全部平展于下方，呈一个平面，2侧裂片披针形，中间3枚裂片椭圆状披针形，蒴果倒锥状。

【生长环境】生长于水田边、沟边及潮湿草地上。

【采收加工】夏季采收，除去泥沙，洗净，晒干。

【化学成分】全草含生物碱，主要为L-山梗菜碱、山梗菜酮、山梗菜醇碱、去甲山梗菜酮碱；以及黄酮甙、皂甙、多糖等。

【性味归经】甘，平。归心、小肠、肺经。

【功能主治】清热解毒，利水消肿。用于大腹水肿，面足浮肿，痈肿疔疮，蛇虫咬伤；晚期血吸虫病腹水。

江 南 山 梗 菜

【基　　源】桔梗科植物江南山梗菜 *Lobelia dauidii* Franch. 的根或全草。

【药材名称】大种半边莲。

【别　　名】大种半边莲、苦菜、节节花。

【识别特征】①多年生草本，茎直立，幼枝有隆起的条纹。②叶螺旋状排列；
叶片卵状椭圆形至长披针形，先端渐尖，基部渐狭成柄；叶柄两边
有翅，向基部变窄。③总状花序顶生，苞片卵状披针形至披针形，
比花长；花冠紫红色或红紫色，近二唇形，蒴果球状。

【生长环境】生长于海拔 2 300 m 以下的山地林边或沟边较阴湿处。

【采收加工】夏、秋季采收，洗净，鲜用或晒干。

【化学成分】全草含生物碱：去甲基半边莲碱、去甲基山梗菜酮碱、山梗菜醇碱、
去甲基山梗菜醇碱、半边莲酮碱；三萜化合物：β-香树脂醇棕榈
酸酯等。

【性味归经】辛，平；有小毒。归肺、肾经。

【功能主治】宣肺化痰，清热解毒，利尿消肿。用于咳嗽痰多，水肿，痈肿疮毒，
下肢溃烂，蛇虫咬伤。

金 钱 豹

【基　　源】桔梗科植物金钱豹（土党参）*Campanumoea javanica Blume* var. *japonica* makino 的根。

【药材名称】土党参。

【别　　名】土人参、算盘果、野党参果。

【识别特征】①草质缠绕藤本，具乳汁，具胡萝卜状根。茎无毛，多分枝。②叶对生，具长柄，叶片心形或心状卵形，边缘有浅锯齿。③花单朵生叶腋，花萼与子房分离，5 裂至近基部，裂片卵状披针形或披针形；花冠白色或黄绿色；浆果黑紫色，紫红色，球状。

【生长环境】生长于海拔 2 400 m 以下的灌丛中及疏林中。

【采收加工】秋季挖取根部；洗净，除去须根，晒干。

【化学成分】党参苷、丁香苷等。

【性味归经】甘，平。归脾、肺经。

【功能主治】健脾益气，补肺止咳，下乳。用于气虚乏力，脾虚腹泻，肺虚咳嗽，小儿疳积，乳汁稀少。

桔　梗

【基　　源】桔梗科植物桔梗 *Platycodon grandiflorum* (Jacq.) A DC. 的干燥根。

【药材名称】桔梗。

【别　　名】铃当花。

【识别特征】①茎高 20 ~ 120 cm，通常无毛，不分枝。②叶全部轮生，叶片卵形，卵状椭圆形至披针形，基部宽楔形至圆钝，顶端急尖，正面无毛而绿色，背面常无毛而有白粉，边缘具细锯齿。③花单朵顶生，或数朵集成假总状花序；花萼筒部半圆球状或圆球状倒锥形，被白粉，裂片三角形；花冠大，蓝色或紫色；蒴果球状。

【生长环境】生长于海拔 2 000 m 以下的阳处草丛、灌丛中，少生长于林下。

【采收加工】春、秋二季采挖，洗净，除去须根，趁鲜剥去外皮或不去外皮，干燥。

【化学成分】含多种皂苷，如桔梗皂苷、去芹菜糖基桔梗皂苷、远志皂苷 D、桔梗皂苷等。

【性味归经】苦、辛，微温。归肺经。

【功能主治】祛痰止咳，宣肺排脓。用于咳嗽痰多，胸闷不畅，咽痛，音哑，肺痈吐脓，疮疡脓成不溃。

药用植物标本采集与制作技术

◎ 菊科

千 里 光

【基　　源】菊科植物千里光 Senecio scandens Buch. -Ham. 的干燥地上部分。

【药材名称】千里光。

【别　　名】九里明、九里光、黄花母、九龙光、九岭光。

【识别特征】①多年生攀援草本，茎伸长，多分枝，皮淡色。②叶具柄，叶片
卵状披针形至长三角形，顶端渐尖，基部宽楔形，羽状脉，侧脉7~9
对，弧状，叶脉明显。③头状花序有舌状花，在茎枝端排列成顶生
复聚伞圆锥花序；舌状花舌片黄色，具4脉；管状花花冠黄色；
瘦果圆柱形。

【生长环境】生长于海拔50~3 200 m的森林、灌丛中，攀援于灌木、岩石
上或溪边。

【采收加工】全年均可采收，除去杂质，阴干。

【化学成分】全草含毛茛黄素、菊黄质、千里光宁碱、千里光菲灵碱、挥发油、
黄酮甙、鞣质等成分。

【性味归经】苦，寒。归肺、肝经。

【功能主治】清热解毒，明目，利湿。用于痈肿疮毒，感冒发热，目赤肿痛，
泄泻痢疾，皮肤湿疹。

三 脉 紫 菀

【基　　源】菊科植物三脉紫菀 *Aster ageratoides* Turcz. 的全草。

【药材名称】三脉紫菀。

【别　　名】鸡儿肠、三脉紫菀、马兰。

【识别特征】①多年生草本，茎直立，有棱及沟，被柔毛或粗毛。②中部叶椭
圆形或长圆状披针形，顶端渐尖，边缘有 3 ~ 7 对浅或深锯齿；
上部叶渐小，有浅齿或全缘，全部叶纸质，有离基三出脉，侧脉 3 ~ 4
对。③头状花序；舌状花舌片线状长圆形，紫色；管状花黄色；瘦
果倒卵状长圆形，灰褐色。

【生长环境】生长于海拔 100 ~ 3 350 m 的林下、林缘、灌丛及山谷湿地。

【采收加工】夏季采收，阴干。

【性　　味】苦、辛，凉。

【功能主治】清热解毒，止咳去痰，止血，利尿。用于咽喉肿痛，咳嗽痰喘，乳蛾，
疟腮，乳痈，小便淋痛，痈疖肿毒，外伤出血。

药用植物标本采集与制作技术

金 挖 耳

【基　　源】菊科植物金挖耳 *Carpesium divaricatum* Sieb. et Zucc. 的全草。

【药材名称】金挖耳。

【别　　名】野烟、铁抓子草、野向日葵、铁骨消、翻天印。

【识别特征】①多年生草本，茎直立，被白色柔毛。②基叶于开花前凋萎，下部叶卵形或卵状长圆形，先端锐尖或钝，基部圆形或稍呈心形，正面深绿色，叶面稍粗糙，背面淡绿色，被白色短柔毛并杂以疏长柔毛；中部叶长椭圆形，先端渐尖，基部楔形。③头状花序单生茎端及枝端；苞叶 3 ~ 5 枚，披针形至椭圆形；瘦果。

【生长环境】生长于路旁及山坡灌丛中。

【采收加工】8 ~ 9 月花期采收，鲜用或切段晒干。

【化学成分】含金挖卫素 A、B、C。

【性　　味】苦、辛，凉。

【功能主治】清热解毒，消肿止痛。用于感冒发热，头风，风炎赤眼，咽喉肿痛，牙痛，乳痈，疮疖肿毒，痔疾出血，腹痛泄泻。

天 名 精

【基　　源】菊科植物天名精 *Carpesium abrotanoides* Linn. 的全草。

【药材名称】天名精。

【别　　名】鹤虱草。

【识别特征】①多年生粗壮草本。茎圆柱状，下部木质，近于无毛，上部密被短柔毛，有明显的纵条纹，多分枝。②基叶于开花前凋萎，茎下部叶广椭圆形或长椭圆形，先端钝，基部楔形，正面深绿色，被短柔毛，叶面粗糙，背面淡绿色，密被短柔毛，边缘具不规整的钝齿。③头状花序多数，生茎端及沿茎、枝生长于叶腋，着生长于茎端及枝端者具椭圆形或披针形长6~15 mm的苞叶2~4枚。雌花狭筒状，向上渐宽，冠檐5齿裂。瘦果。

【生长环境】生长于路边荒地、溪边及林缘，垂直分布可达海拔2 000 m。

【采收加工】7~8月采收，洗净，鲜用或晒干。

【化学成分】含倍半萜内酯：天名精内酯酮、鹤虱内酯、大叶土木香内酯、依瓦菊素、天名精内酯醇、依生依瓦菊素、特勒内酯、异腋生依瓦菊素等。

药用植物标本采集与制作技术

【性味归经】苦、辛，寒。归肝、肺经。

【功能主治】清热解毒、祛痰止血。用于咽喉肿痛，扁桃体炎，支气管炎；外用治创伤出血，疔疮肿毒，蛇虫咬伤。

鳢 肠

【基　源】菊科植物鳢肠 *Eclipta prostrata* L. 的干燥地上部分。

【药材名称】墨旱莲。

【别　名】旱莲草、墨草。

【识别特征】①一年生草本，茎直立，被贴生糙毛。②叶长圆状披针形或披针形，顶端尖或渐尖，边缘有细锯齿，两面被密硬糙毛。③头状花序，外围的雌花2层，舌状；中央的两性花多数，花冠管状，白色，瘦果三棱形。

【生长环境】生长于河边，田边或路旁。

【采收加工】花开时采割，晒干。

【化学成分】全草含皂甙、烟碱约、鞣质、维生素A、鳢肠素等。

【性味归经】甘、酸，凉。归肾、肝经。

【功能主治】滋补肝肾，凉血止血。用于牙齿松动，须发早白，眩晕耳鸣，腰膝酸软，阴虚血热、吐血、衄血、尿血，血痢，崩漏下血，外伤出血。

野 菊

【基　　源】菊科植物野菊 Chrysanthemum
　　　　　　indicum L. 的干燥头状花序。

【药材名称】野菊花。

【别　　名】野黄菊花、山菊花、甘菊花。

【识别特征】①多年生草本，茎直立或铺散，
　　　　　　茎枝被稀疏的毛。②基生叶和下部叶花期脱落。中部茎叶卵形、长
　　　　　　卵形或椭圆状卵形，羽状半裂、浅裂或分裂不明显而边缘有浅锯齿。
　　　　　　基部截形或稍心形或宽楔形；两面同色，淡绿色，有稀疏的短柔毛。
　　　　　　③头状花序，舌状花黄色；瘦果。

【生长环境】生长于山坡草地、灌丛、河边水湿地、滨海盐渍地、田边及路旁。

【采收加工】秋、冬二季花初开放时采摘，晒干，或蒸后晒干。

【化学成分】含挥发油，油中含菊醇、菊酮、α-蒎烯、樟脑、龙脑、樟烯等，
　　　　　　尚含野菊花内酯、野菊花素 A、刺槐苷、蒙花苷、木犀草素等。

【性味归经】苦、辛，微寒。归肝、心经。

【功能主治】清热解毒。用于疔疮痈肿，目赤肿痛，头痛眩晕。

豨莶

【基　源】菊科植物豨莶 *Siegesbeckia orientalis* L.、腺梗豨莶 *S. pubescens* makino 或毛梗豨莶 *S. glabrescens* makino 的干燥地上部分。

【药材名称】豨莶草。

【别　名】粘金强子、珠草、棉苍狼、肥猪草、粘苍子、黄花仔。

【识别特征】①一年生草本，茎直立，全部分枝被灰白色短柔毛。②中部叶三角状卵圆形或卵状披针形，基部阔楔形，下延成具翼的柄，顶端渐尖，边缘有规则的浅裂或粗齿，纸质，两面被毛，三出基脉；上部叶渐小，卵状长圆形，边缘浅波状或全缘，近无柄。③头状花序聚生长于枝端，花黄色；瘦果倒卵圆形，有4棱。

【生长环境】生长于海拔110～2 700 m的山野、荒草地、灌丛、林缘及林下。

【采收加工】夏、秋二季花开前和花 期均可采割，除去杂质，晒干。

【化学成分】茎中含9β-异丁酰氧基木香烯内酯、9β-羟基-8β-异丁烯酰氧基木香烯内酯、14-羟基-8β-异丁酰氧基木香烯内酯、9β，14-二羟基-8β-异丁酰氧基木香烯内酯、8β,9β-二羟基-1β，10α-环氧-11β，13-二氢木香烯内酯、14-羟基-8β-异丁酰氧基-1β，10α-环氧木香烯内酯等。

【性味归经】辛、苦，寒。归肝、肾经。

【功能主治】祛风湿，利关节，解毒。用于风湿痹痛，筋骨无力，腰膝酸软，四肢麻痹，半身不遂，风疹湿疮。

菊 芋

【基　　源】菊科植物菊芋 *Helianthus tuberosus* L. 的块茎。

【药材名称】菊芋。

【别　　名】洋姜、鬼子姜。

【识别特征】①多年生草本，高 1～3 m，茎直立，有分枝，被白色短糙毛或
刚毛。②叶通常对生，有叶柄，但上部叶互生；下部叶卵圆形或卵
状椭圆形，有长柄，基部宽楔形或圆形，顶端渐细尖，边缘有粗锯
齿，有离基三出脉。③头状花序较大，单生长于枝端，舌状花通常
12～20 个，舌片黄色，开展，长椭圆形；管状花花冠黄色。瘦果小，
楔形。

【生长环境】在我国各地广泛栽培。

【采收加工】秋季采挖块茎，鲜用或晒干。

【化学成分】含菊糖、蔗糖、核酮糖-1,5-二磷酸羧化酶、多酚氧化酶、旋覆花酶、
果糖低聚糖等。

【性　　味】甘、微苦，凉。

【功能主治】清热凉血，消肿。用于肠热出血，跌打损伤，骨折肿痛，根茎捣
烂外敷治无名肿毒，腮腺炎。

杏香兔耳风

【基　　源】菊科植物杏香兔耳风 *Ainsliaea fragrans* Champ. 的全草。

【药材名称】杏香兔耳风。

【别　　名】一支香、兔耳风、兔耳一支香、朝天一支香。

【识别特征】①多年生草本，茎直立，单一，不分枝，被褐色长柔毛。②叶聚生长于茎的基部，莲座状或呈假轮生，叶片厚纸质，卵形、狭卵形形，顶端钝或中脉延伸具一小的凸尖头，基部深心形，正面绿色背面淡绿色或有时带紫红色，被较密的长柔毛；基出脉5条；叶柄密被长柔毛。③头状花序通常有小花3朵；花全部两性，白色，开放时具杏仁香气，瘦果棒状圆柱形或近纺锤形，栗褐色。

【生长环境】生长于山坡灌木林下或路旁、沟边草丛中，海拔30～850 m。

【采收加工】夏秋采收，洗净，鲜用或晒干。

【化学成分】全草含无羁萜酮、表无羁萜醇、羊齿烯酸等。

【性味归经】苦、辛、平。归肺经。

【功能主治】清热解毒，消积散结，止咳，止血。用于上呼吸道感染，肺脓疡，肺结核咯血，黄疸，小儿疳积，消化不良，乳腺炎；外用治中耳炎，毒蛇咬伤。

奇蒿

【基　　源】菊科植物奇蒿 *Artemisia anomala* S. moore 的全草。

【药材名称】奇蒿。

【别　　名】刘寄奴、南刘寄奴、千粒米、六月霜。

【识别特征】①多年生草本，茎单生，具纵棱，黄褐色或紫褐色。②叶厚纸质或纸质，正面绿色或淡绿色，背面黄绿色；下部叶卵形，不分裂或先端有数枚浅裂齿，先端锐尖或长尖，边缘具细锯齿，基部圆形或宽楔形，具短柄；中部叶卵形、长卵形或卵状披针形，先端锐尖或长尖，边缘具细锯齿，基部圆形或宽楔形。③头状花序长圆形或卵形，排成密穗状花序，两性花6～8朵；瘦果倒卵形或长圆状倒卵形。

【生长环境】生长于低海拔地区林缘、路旁、沟边、河岸、灌丛及荒坡等地。

【采收加工】8～9月花期采收，连根拔起晒干，打成捆。

【化学成分】奇蒿黄酮、香豆精、5，7-二羟基-6，3，4-三甲氧基黄酮、小麦黄素、脱肠草素、东莨菪素、伞形花内酯、奇蒿内酯、挥发油等。

【**性味归经**】辛、苦，平。归心、肝、脾经。

【**功能主治**】清暑利湿，活血行瘀，通经止痛。用于中暑，头痛，肠炎，痢疾，
经闭腹痛，风湿疼痛，跌打损伤；外用治创伤出血，乳腺炎。

苍 耳

【**基　　源**】菊科植物苍耳 *Xanthium sibiricum* Patr. 的果实。

【**药材名称**】苍耳子。

【**别　　名**】野茄子、虱麻头、粘粘葵、刺儿颗。

【**识别特征**】①一年生草本，茎直立少有分枝，下部圆柱形，上部有纵沟，被
灰白色糙伏毛。②叶三角状卵形或心形，有 3～5 不明显浅裂，
顶端尖或钝，基部稍心形或截形，三基出脉，侧脉弧形，脉上密被
糙伏毛，正面绿色，背面苍白色。③雄性的头状花序球形；雌性的
头状花序椭圆形，瘦果成熟时变坚硬，外面有疏生的具钩状的刺，
刺极细而直。

【**生长环境**】生长于平原、丘陵、低山、荒野、路边、田边。

【**采收加工**】秋季果实成熟时采收，干燥，除去梗、叶等杂质。

【**化学成分**】含苍耳苷。叶含苍耳醇、异苍耳醇、苍耳酯等。

【**性味归经**】苦、辛，寒；有毒。归肺经。

【**功能主治**】散风除湿，通鼻窍。用于风寒头痛，鼻渊流涕，风疹瘙痒，湿痹拘挛。

鼠 曲 草

【基　　源】菊科植物鼠曲草 *Gnaphalium affine* D. Don 的全草。

【药材名称】鼠曲草。

【别　　名】佛耳草、追骨风、绒毛草、鼠耳。

【识别特征】①二年生草本，全株密被白绵毛；茎直立，基部分枝。②叶互生，下部和中部叶匙形或倒披针形，基部渐狭，下延，两面都有白色绵毛。③头状花序多数，排成伞房状；花黄色，中央两性花管状；瘦果长椭圆形。

【生长环境】生长于山坡、路旁、田边。

【采收加工】春季开花时采收，去尽杂质，晒干。

【化学成分】全草含挥发油、木犀草素 -4’- 葡萄糖甙、豆甾醇、木犀草素；花含鼠曲草素。

【性味归经】甘、微酸，平。归肺经。

【功能主治】化痰止咳，祛风除湿，解毒。用于咳喘痰多，风湿痹痛，泄泻，水肿，赤白带下，痈肿疔疮，阴囊湿痒，荨麻疹，高血压。

华 泽 兰

【基　　源】菊科植物华泽兰 *Eupatorium chinense* I. 的根。

【药材名称】广东土牛膝。

【别　　名】大泽兰、多须公。

【识别特征】①多年生草本或半灌木，茎上部与花序分枝被细柔毛。②叶卵形，边缘有规则的圆锯齿，正面无毛，背面被毛及腺点，具短叶柄。③头状花序多数，在枝顶排成伞房或复伞房花序；头状花序含5小花，花两性，筒状，瘦果。

【生长环境】生长于海拔 1200 ~ 2 200 m 的山坡、路旁、池塘边。

【采收加工】秋季采挖，除去泥土，晒干，或鲜用。

【化学成分】地上部分含三萜成分、香豆精、棕榈酸及挥发油等。

【性　　味】苦、甘，凉；有毒。

【功能主治】清热利咽，凉血散瘀，解毒消肿。用于咽喉肿痛，吐血，血淋，赤白下痢，跌打损伤，痈疮肿毒，毒蛇咬伤，水火烫伤。

鹅不食草

【基　　源】菊科植物鹅不食草 *Centipeda minima* (L.) A.Br.et Aschers. 的全草。

【药材名称】鹅不食草。

【别　　名】球子草、石胡荽。

【识别特征】①一年生小草本，茎多分枝。②叶互生，楔状倒披针形，顶端钝，基部楔形，边缘有少数锯齿。③头状花序小，扁球形，单生长于叶腋，总苞片绿色，边缘透明膜质；盘花两性，花冠管状，淡紫红色，瘦果椭圆形。

【生长环境】生长于路旁、荒野、阴湿地。

【采收加工】夏、秋二季花开时采收，洗去泥沙，晒干。

【化学成分】含棕榈酸蒲公英甾醇酯、乙酸蒲公英甾醇酯、蒲公英甾醇、豆甾醇、山金车二醇、谷甾醇等。

【性味归经】辛，温。归肺、肝经。

【功能主治】通鼻窍，止咳。用于风寒头痛，咳嗽痰多，鼻塞不通，鼻渊流涕。

野 茼 蒿

【基　　源】菊科植物野茼蒿 *Gynura crepidioides* Benth. 的全草。

【药材名称】革命菜。

【别　　名】昭和草、野塘蒿、野地黄菊。

【识别特征】①直立草本，茎有纵条棱。②无毛叶膜质，椭圆形或长圆状椭圆形，顶端渐尖，基部楔形，边缘有不规则锯齿或重锯齿，两面无或近无毛。③头状花序数个在茎端排成伞房状，花冠红褐色或橙红色，瘦果狭圆柱形，赤红色。

【生长环境】山坡路旁、水边、灌丛中常见，海拔 300 ~ 1 800 m。

【采收加工】夏季采集。一般以鲜用为佳。

【化学成分】含黄酮类、挥发油等。

【性　　味】辛，平。

【功能主治】健脾消肿，清热解毒，行气利尿。用于感冒发热，痢疾，肠炎，尿路感染，营养不良性水肿，乳腺炎等。

藿 香 蓟

【基　　源】菊科植物藿香蓟 *Ageratum conyzoides* L. 的全草。

【药材名称】胜红蓟。

【别　　名】胜红药、咸虾花、一枝香。

【识别特征】①一年生草本，茎粗壮，茎枝淡红色，被白色尘状短柔毛。②叶对生，
有时上部互生，常有腋生的不发育的叶芽。中部茎叶卵形或椭圆
形或长圆形，全部叶基部钝或宽楔形，基出三脉或不明显五出脉，
顶端急尖，边缘圆锯齿，两面被白色稀疏的短柔毛且有黄色腺点。
③头状花序 4～18 个在茎顶排成通常紧密的伞房状花序；花冠
淡紫色；瘦果黑褐色。

【生长环境】生长于山谷、山坡林下或林缘、河边或山坡草地、田边或荒地上。

【采收加工】夏秋采收，洗净，鲜用或晒干。

【化学成分】含挥发油、氨基酸及多种微量元素。

【性味归经】辛、微苦，凉。归肺、心包经。

【功能主治】清热解毒，止血，止痛，排石。用于上呼吸道感染，扁桃体炎，
咽喉炎，急性胃肠炎，胃痛，腹痛，崩漏，肾结石，膀胱结石；外
用治湿疹，鹅口疮，痈疮肿毒，蜂窝织炎，下肢溃疡，中耳炎，外
伤出血。

一 年 蓬

【基　　源】菊科植物一年蓬 *Erigeron annuus* (Linn.) Pers. 的全草。

【药材名称】一年蓬。

【别　　名】女菀、治疟草、野蒿。

【识别特征】①一年生或二年生草本，茎直立，上部有分枝，绿色。②基部叶
长圆形或宽卵形，顶端尖或钝，基部狭成具翅的长柄，边缘具粗齿，
下部叶与基部叶同形。③头状花序数个或多数，排列成疏圆锥花序，
雌花舌状，白色；中央的两性花管状，黄色，瘦果披针形。

【生长环境】生长于路边旷野或山坡荒地。

【采收加工】夏、秋采集。

【化学成分】全草含焦迈康酸、花含槲皮素、芹菜素-7-葡萄糖醋酸甙、芹菜素等。

【性味归经】甘、苦，凉。归胃、大肠经。

【功能主治】消食止泻，清热解毒，截疟。用于急性胃肠炎，疟疾；外用治齿龈炎，
蛇咬伤。

一 枝 黄 花

【基　　源】菊科植物一枝黄花 *Solidago decurrens* Lour. 的全草或根。

【药材名称】一枝黄花。

【别　　名】黄花一枝香、野黄菊。

【识别特征】①多年生草本，茎直立，通常细弱，单生或少数簇生，不分枝或中部以上有分枝。②中部茎叶椭圆形，长椭圆形、卵形或宽披针形，下部楔形渐窄，有具翅的柄，仅中部以上边缘有细齿或全缘；向上叶渐小；下部叶与中部茎叶同形，全部叶质地较厚。③头状花序较小，多数在茎上部排列成紧密或疏松的总状花序或伞房圆锥花序，舌状花舌片椭圆形。瘦果。

【生长环境】生长于海拔 565 ~ 2 850 m 的阔叶林缘、林下、灌丛中及山坡草地上。

【采收加工】9 ~ 10 月开花盛期，割取地上部分，或挖取根部，洗净，鲜用或晒干。

【化学成分】含槲皮苷、异斛皮苷、芸香甙、紫云英苷、山奈酚 -3- 芸香糖甙、一枝黄花酚甙、咖啡酸、奎尼酸、绿原酸、矢车菊双苷以及少量挥发油及皂苷等。

【性味归经】辛、苦，微温。归肺、肝经。

【功能主治】祛风清热、解毒消肿。用于风热感冒，头痛，咽喉肿痛，肺热咳嗽，黄疸，泄泻，热淋，痈肿疮疖，毒蛇咬伤。

紫 背 菜

【基　　源】菊科植物紫背菜 *Gynura bicolor* (Roxb.) DC. 的全草。

【药材名称】紫背菜。

【别　　名】红菜、补血菜、木耳菜、红背菜、水三七。

【识别特征】①多年生草本，全株无毛。茎直立，柔软，基部稍木质。②叶片倒卵形或倒披针形，顶端尖或渐尖，基部楔状渐狭成具翅的叶柄，边缘有不规则的波状齿或小尖齿，侧脉 7 ~ 9 对，两面无毛。③头状花序，小花橙黄色至红色，瘦果圆柱形，淡褐色。

【生长环境】生长于山坡林下、岩石上或河边湿处，海拔 600 ~ 1 500 m。

【采收加工】全年均可采收，鲜用或晒干。

【化学成分】含花色苷。

【性　　味】辛、甘、凉。

【功能主治】清热凉血，活血止血，解毒消肿。用于咳血，崩漏，外伤出血，痛经，痢疾，疮疡毒，跌打损伤，溃疡久不收敛。

茅苍术

【基　　源】菊科植物茅苍术 *Atractylode lancea* (Thunb.) DC. 的干燥根茎。

【药材名称】苍术。

【别　　名】赤术、青术、仙术。

【识别特征】①多年生草本，根状茎平卧或斜升，茎直立，单生或少数茎成簇生。②中下部茎叶羽状深裂或半裂，基部楔形或宽楔形，顶裂片与侧裂片不等形或近等形；侧裂片椭圆形、长椭圆形或倒卵状长椭圆形；中部以上或仅上部茎叶不分裂，倒长卵形、倒卵状长椭圆形或长椭圆形。全部叶质地硬，硬纸质，两面同色，绿色，无毛，边缘或裂片边缘有针刺状缘毛。③头状花序单生茎枝顶端，小花白色，瘦果倒卵圆状。

【生长环境】生长于山坡草地、林下、灌丛及岩缝隙中。各地药圃广有栽培。

【采收加工】春、秋二季采挖，除去泥沙，晒干，撞去须根。

【化学成分】含挥发油。

【性味归经】辛、苦，温。归脾、胃、肝经。

【功能主治】燥湿健脾，祛风散寒，明目。用于脘腹胀满，泄泻，水肿，脚气痿躄，风湿痹痛，风寒感冒，夜盲。

艾

【基　　源】菊科植物艾 *Artemisia argyi* Levl. et Vant. 的干燥叶。

【药材名称】艾叶。

【别　　名】艾叶、艾、艾蒿、家艾。

【识别特征】①一年生草本，茎具明显棱条，上部分枝，被白色细软毛。②单叶，互生，茎中部叶卵状三角形或椭圆形，有柄，羽状深裂，裂片椭圆形至椭圆状披针形，边缘具不规则锯齿，正面深绿色，密布小腺点，背面灰绿色，密被灰白色绒毛；茎顶部叶全缘或 3 裂。③头状花序排成复总状，总苞卵形，4～5 层，密被灰白色丝状茸毛；外层雌性花，花冠筒状，内层两性花，花冠喇叭筒状，瘦果长圆形，无冠毛。

【生长环境】生长于低或中海拔地区的路旁、林缘、山坡、草地、山谷、灌丛及河湖滨草地等。

【采收加工】夏季花未开时采摘，除去杂质，晒干。

【化学成分】含挥发油，油中主要为 1，8- 桉叶精、α- 侧柏酮等。

【性味归经】辛、苦、温；有小毒。归肝、脾、肾经。

【功能主治】温经止血，散寒止痛，外用祛湿止痒。用于吐血，衄血，崩漏，月经过多，胎漏下血，少腹冷痛，经寒不调，宫冷不孕；外治皮肤瘙痒。

黄花蒿

【基　　源】菊科植物黄花蒿 *Artemisia annua* L. 的地上部分。

【药材名称】青蒿。

【别　　名】草蒿、茵陈蒿、邪蒿、香蒿。

【识别特征】①一年生草本；植株有香气，茎单生。②叶两面青绿色或淡绿色，无毛；基生叶与茎下部叶三回栉齿状羽状分裂，有长叶柄；中部叶长圆形、长圆状卵形或椭圆形，二回栉齿状羽状分裂。③头状花序半球形或近半球形，花淡黄色，瘦果长圆形至椭圆形。

【生长环境】生长于低海拔、湿润的河岸边砂地、山谷、林缘、路旁等。

【采收加工】秋季花盛开时采割，除去老茎，阴干。

【化学成分】含倍半萜类，如青蒿素、青蒿素 G、青蒿甲素、青蒿乙素，挥发油、黄酮类如山柰黄素、槲皮黄素、黄色黄素、藤菊黄素等。

【性味归经】苦、辛、寒。归肝、胆经。

【功能主治】清虚热，除骨蒸，解暑热，截疟，退黄。用于温邪伤阴，夜热早凉，阴虚发热，暑湿发热，疟疾寒热，湿热黄疸。

蒲 公 英

【基　　源】菊科植物蒲公英 *Taraxacum mongolicum* Hand.-Mazz 的全草。

【药材名称】蒲公英。

【别　　名】黄花地丁、婆婆丁、奶汁草。

【识别特征】①多年生草本。②叶倒卵状披针形、倒披针形或长圆状披针形，先端钝或急尖，边缘有时具波状齿或羽状深裂，顶端裂片较大，三角形或三角状戟形，全缘或具齿，基部渐狭成叶柄，叶柄及主脉常带红紫色，疏被蛛丝状白色柔毛或几无毛。③花葶与叶等长或稍长，上部紫红色，密被蛛丝状白色长柔毛；头状花序，总苞钟状，淡绿色；舌状花黄色，瘦果倒卵状披针形，暗褐色。

【生长环境】生长于中、低海拔地区的山坡草地、路边、田野、河滩。

【采收加工】春至秋季花初开时采挖，除去杂质，洗净，晒干。

【化学成分】含蒲公英甾醇、胆碱、菊糖和果胶等。

【性味归经】苦、甘，寒。归肝、胃经。

【功能主治】清热解毒，消肿散结，利尿通淋。用于疔疮肿毒，乳痈，瘰疬，目赤，咽痛，肺痈，肠痈，湿热黄疸，热淋涩痛。

白术

【基　　源】菊科植物白术 *Atractylodes macrocephala* Koidz. 的干燥根茎。

【药材名称】白术。

【别　　名】于术、冬白术、浙术、吴术、片术。

【识别特征】①多年生草本,根状茎结节状,茎直立。②中部茎叶3~5羽状全裂。侧裂片1~2对,倒披针形、椭圆形或长椭圆形 顶裂片比侧裂片大,倒长卵形、长椭圆形或椭圆形;全部叶质地薄,纸质,两面绿色,无毛,边缘有长或短针刺状缘毛或细刺齿。③头状花序单生茎枝顶端,苞叶绿色,针刺状羽状全裂;小花紫红色,瘦果倒圆锥状。

【生长环境】生长于山坡草地及山坡林下。

【采收加工】冬季下部叶枯黄,上部叶变脆时采挖,除去泥沙,烘干或晒干,再除去须根。

【化学成分】根茎含挥发油,内含苍术酮、桉叶醇、棕榈酸、茅术醇等;还含倍半萜内酯化合物苍术内酯;另含东莨菪素、果糖、菊糖以及多种氨基酸。

【性味归经】苦、甘,温。归脾、胃经。

【功能主治】健脾益气,燥湿利水,止汗,安胎。用于脾虚食少,腹胀泄泻,痰饮眩悸,水肿,自汗,胎动不安。

马 兰

【基　　源】菊科植物马兰 *Kalimeris indica* (Linn.) Sch. 的全草。

【药材名称】马兰。

【别　　名】路边菊、田边菊、泥鳅菜。

【识别特征】①茎直立，上部或从下部起有分枝。②基部叶在花期枯萎，茎部
　　　　　　叶倒披针形或倒卵状矩圆形，顶端钝或尖，基部渐狭具翅的长柄，
　　　　　　上部叶小，全缘，中脉在背面凸起。③头状花序单生长于枝端并排
　　　　　　列成疏伞房状。花托圆锥形。舌状花1层，舌片浅紫色；管状花
　　　　　　被短密毛。④瘦果倒卵状矩圆形，极扁。花期5～9月，果期8～10
　　　　　　月。

【生长环境】广泛分布于亚洲南部及东部。

【采收加工】春夏地上繁茂时采收，鲜用或晒干。

【化学成分】全草含木栓酮、表木栓醇、豆甾醇、β-谷甾醇、α-菠甾醇、古
　　　　　　柯二醇、十八烷酸、栎酮、β-胡萝卜苷、二十六烷醇、麦角甾醇、
　　　　　　牛防风素、邻苯二甲酸二丁酯、羽扇豆醇乙酸酯、达玛二烯醇乙酸
　　　　　　酯等。

【性味归经】辛，微寒。归肝、肾、胃、大肠经。

【功能主治】清热解毒，散瘀止血，利湿，消食，消积。用于感冒发烧，咳嗽，
　　　　　　急性咽炎，扁桃体炎，流行性腮腺炎，传染性肝炎，胃、十二指肠
　　　　　　溃疡，小儿疳积，肠炎，痢疾，吐血，崩漏，月经不调。

苦苣菜

【基　　源】菊科植物苦苣菜 *Sonchus oleraceus* L. 的全草。

【药材名称】苦苣菜。

【别　　名】苦菜、苦荬菜、小鹅菜。

【识别特征】①一年生或二年生草本。茎直立，单生。②基生叶羽状深裂，长椭圆形或倒披针形。③头状花序。全部总苞片顶端长急尖，舌状小花多数，黄色。④瘦果褐色，冠毛白色，花果期 5 ~ 12 月。

【生长环境】生长于山坡或山谷林缘、林下或平地田间、空旷处或近水处，海拔 170 ~ 3 200 m。

【采收加工】春季地上部位繁茂时采收。

【化学成分】含苦苣菜甙 A、B、C、D，葡萄糖中美菊素 C，9- 羟基葡萄糖中美菊素 A，假还阳参甙 A 及毛连菜甙 B、C，木犀草素 -7-O- 吡喃葡萄糖甙，金丝桃甙，蒙花甙，芹菜素，槲皮素，山柰酚。

【性味归经】苦，寒。归肺、脾、胃、大肠经。

【功能主治】清热解毒，凉血止血。用于肠炎，痢疾，黄疸，淋证，咽喉肿痛，痈疮肿毒，乳腺炎，吐血，衄血，咯血，尿血，便血，崩漏等。

药用植物标本采集与制作技术

大 狼 杷 草

【基　　源】菊科植物大狼杷草 *Bidens frondosa* L. 的干燥地上部分。

【药材名称】大狼杷草。

【别　　名】接力草、外国脱力草、针线包、一包针。

【识别特征】①一年生草本。茎直立，分枝，常带紫色。②叶对生，具柄，为
　　　　　　一回羽状复叶，小叶 3～5 枚，披针形，先端渐尖，边缘有粗锯齿，
　　　　　　通常背面被稀疏短柔毛。③头状花序单生茎端和枝端，筒状花两性，
　　　　　　瘦果扁平，狭楔形。

【生长环境】生长于田野湿润处。

【采收加工】6～9 月采收，洗净，切断，晒干。

【化学成分】大狼杷草中含十二碳 -3, 5, 7.9- 四炔 11- 烯 -1.2.13- 三醇 -1-
　　　　　　葡萄糖苷。

【性　　味】苦，平。

【功能主治】补虚清热。用于体虚乏力，盗汗，咯血，小儿疳积，痢疾。

菝葜

【基　　源】百合科植物菝葜 *Smilax china* L. 的干燥根茎。

【药材名称】菝葜。

【别　　名】金刚头、金刚刺、九牛力。

【识别特征】①攀援灌木，根状茎粗厚，坚硬，为不规则的块状，疏生刺。②叶薄革质，干后通常红、褐色或近古铜色，圆形、卵形或其他形状，叶柄具鞘，有卷须。③伞形花序，常呈球形，花绿黄色，浆果熟时红色，有粉霜。

【生长环境】生长于海拔 2 000 m 以下的林下、灌丛中、路旁、河谷或山坡上。

【采收加工】秋末至次年春采挖，除去须根，洗净，晒干，或趁鲜切片干燥。

【化学成分】含洋菝葜皂苷，菝葜皂苷 A、B、C，生物碱，氨基酸，有机酸等。

【性味归经】甘、微苦、涩，平。归肝、肾经。

【功能主治】利湿去浊，祛风除痹，解毒散瘀。用于小便淋浊，带下量多，风湿痹通，疔疮痈肿。

光 叶 菝 葜

【基　　源】百合科植物光叶菝葜 *Smilax glabra* Roxb. 的干燥根茎。

【药材名称】土茯苓。

【别　　名】禹余粮、刺猪苓、过山龙。

【识别特征】①攀援灌木；根状茎粗厚，块状，茎长 1～4 m，枝条光滑，无
刺。②叶薄革质，狭椭圆状披针形至狭卵状披针形，先端渐尖，叶
柄具狭鞘，有卷须。③伞形花序，总花梗明显短于叶柄，花绿白色，
浆果成熟时紫黑色，具粉霜。

【生长环境】生长于海拔 1 800 m 以下的林中、灌丛下、河岸或山谷中。

【采收加工】夏秋二季采挖，除去须根，洗净，干燥；或趁鲜切成薄片干燥。

【化学成分】含落新妇苷、黄杞苷、3-O- 咖啡酰莽草酸、莽草酸、阿魏酸等。

【性味归经】甘、淡、平。归肝、胃经。

【功能主治】解毒，除湿，通利关节。用于梅毒及汞中毒所致的肢体拘挛，筋
骨疼痛；湿热淋浊，带下，痈肿，瘰疬，疥癣。

麦冬

【基　　源】百合科植物麦冬 Ophiopogon japoncus (Thunb.) Ker-Gawl. 的块根。

【药材名称】麦冬。

【别　　名】沿阶草、书带草。

【识别特征】①根较粗，膨大成椭圆形或纺锤形的小块根，块根呈淡褐黄色。

②茎很短，叶基生成丛，禾叶状，具 3 ～ 7 条脉，边缘具细锯齿。

③花葶通常比叶短，总状花序，花单生或成对着生长于苞片腋内；
花被片白色或淡紫色。

【生长环境】生长于海拔 2 000 m 以下的山坡阴湿处、林下或溪旁。

【采收加工】夏季采挖，洗净，反复暴晒、堆置，至七八成干，除去须根，干燥。

【化学成分】含多种糖苷，如麦冬皂苷 B、D，高异类黄酮，如甲基麦冬黄烷酮 A、
B，麦冬黄烷酮，6- 醛基异麦冬黄烷酮 A、B，麦冬黄酮 A，去甲
基异麦冬黄酮。

【性味归经】甘，微苦，微寒。归心、肺、胃经。

【功能主治】养阴生津，润肺清心。用于肺燥干咳，阴虚痨嗽，喉痹咽痛，津
伤口渴，内热消渴，心烦失眠，肠燥便秘。

阔叶山麦冬

【基　源】百合科植物阔叶山麦冬 *Liriope platyphylla* Wang et Tang 的块根。

【药材名称】阔叶山麦冬。

【别　名】大麦冬。

【识别特征】①根细长，膨大成纺锤形的小块根，肉质。②叶密集成丛，革质，先端急尖或钝，基部渐狭，具 9 ~ 11 条脉。③花葶通常长于叶，总状花序，花朵簇生长于苞片腋内，花被片紫色或红紫色；种子球形，成熟时变黑紫色。

【生长环境】生长于海拔 100 ~ 1 400 m 的山地，山谷的疏、密林下或潮湿处。

【采收加工】夏季采挖，洗净，反复暴晒、堆置，至七八成干，除去须根，干燥。

【化学成分】含甾体皂苷：罗斯考皂苷元 3-O-α-L- 吡喃鼠李糖苷、麦冬皂苷 D′、25（S）- 麦冬皂苷 D′、薯蓣皂苷、25（S）- 薯蓣皂苷、罗斯考皂苷元 -1- 硫酸酯 -3-O-α-L- 吡喃鼠李糖苷和甲基原薯蓣皂苷等。

【性味归经】甘、微苦，凉。归心、肺、胃经。

【功能主治】养阴生津，润肺清心。用于肺燥干咳，阴虚痨嗽，喉痹咽痛，津伤口渴，内热消渴，心烦失眠，肠燥便秘。

油 点 草

【基　　源】百合科植物油点草 *Tricytis macropoda* miq. 的根。

【药材名称】油点草。

【别　　名】紫海葱。

【识别特征】①植株高可达 1 m。茎上部疏生或密生短的糙毛。②叶卵状椭圆形、矩圆形至矩圆状披针形，先端渐尖或急尖，两面疏生短糙伏毛，基部心形抱茎或圆形而近无柄，边缘具短糙毛。③二歧聚伞花序顶生或生长于上部叶腋，花序轴和花梗生有淡褐色短糙毛，并间生有细腺毛；花被片绿白色或白色，内面具多数紫红色斑点。

【生长环境】生长于海拔 800～2 400 m 的山地林下、草丛中或岩石缝隙中。

【采收加工】秋冬采收，洗净泥土，干燥。

【化学成分】含酚性成分、游离生物碱、黄酮、氨基酸、多糖、内酯香豆素类等。

【性味归经】甘，温。归肺经。

【功能主治】补虚止咳。用于肺虚咳嗽。

药用植物标本采集与制作技术

玉　竹

【基　　源】百合科植物玉竹 *Polygonatum odoratum* (Mill.) Druce 的根茎。

【药材名称】玉竹。

【别　　名】玉参、葳蕤、尾参。

【识别特征】①根状茎圆柱形。②叶互生，椭圆形至卵状矩圆形，先端尖，背面带灰白色。③花序具 1 ～ 4 花，花被黄绿色至白色，浆果蓝黑色。

【生长环境】生长于海拔 500 ～ 3 000 m 的林下或山野阴坡。

【采收加工】秋季采挖，除去须根，洗净，晒至柔软后，反复揉搓，晾晒至无硬心，晒干；或蒸透后，揉至半透明，晒干。

【化学成分】含玉竹粘多糖、玉竹果聚糖 A-D、黄精螺甾醇 Poa 等甾族化合物。

【性味归经】甘，微寒。归肺、胃经。

【功能主治】养阴润燥，生津止渴。用于肺胃阴伤，躁热咳嗽，咽干口渴，内热消渴。

多花黄精

【基　　源】百合科植物多花黄精 *Polygonatum cyrtonema* Hua 的干燥根茎。

【药材名称】黄精。

【别　　名】南黄精、黄精姜、姜形黄精。

【识别特征】①根状茎圆柱形。②叶互生，椭圆形至卵状矩圆形，先端尖，背面带灰白色。③花序常有花3～7朵，花被白色至黄绿色，浆果球形，成熟时紫黑色。

【生长环境】生长于山林、灌丛、沟谷旁的阴湿肥沃土壤中或栽培。

【采收加工】栽后3年收获，9～10月挖取根茎，除去须根，洗净，置沸水中略烫或蒸至透心，干燥。

【化学成分】含黄精多糖、黄精低聚糖，黄精皂苷A、B，蒽醌类化合物等。

【性味归经】甘，平。归脾、肺、肾经。

【功能主治】补气养阴，健脾，润肺，益肾。用于脾胃气虚，体倦乏力，胃阴不足，口干食少，肺虚燥咳，劳嗽咳血，精血不足，腰膝酸软，须发早白，内热消渴。

天　冬

【基　　源】百合科植物天冬 *Asparagus cochinchinensis* (Lour.) merr. 的块根。

【药材名称】天冬。

【别　　名】天门冬、三百棒、丝冬。

【识别特征】①攀援植物。根呈纺锤状膨大，茎平滑，常弯曲或扭曲，分枝具棱或狭翅。②叶状枝通常每3枚成簇，呈锐三棱形，稍镰刀状，茎上的鳞片状叶基部延伸为硬刺。③花通常每2朵腋生，淡绿色。

【生长环境】生长于海拔 1 750 m 以下的山坡、路旁、疏林下、山谷或荒地上。

【采收加工】秋冬二季采挖，洗净，除去茎基和须根，置沸水中煮或蒸至透心，趁热除去外皮，洗净，干燥。

【化学成分】含天门冬素（天冬酰胺）、黏液质等，苦味成分为甾体皂苷。

【性味归经】甘、苦，寒。归肺、肾经。

【功能主治】养阴润燥，清肺生津。用于肺燥干咳，顿咳痰黏，腰膝酸痛，骨蒸潮热，内热消渴，热病津伤，咽干口渴，肠燥便秘。

羊齿天门冬

【基　　源】百合科植物羊齿天门冬 *Asparagus filicinus* Buch.-Ham.ex D.Don 的块根。

【药材名称】羊齿天冬。

【别　　名】峡州百部、百部、千打锤、土百部、天门冬。

【识别特征】①直立草本，根成簇，成纺锤状膨大，茎近平滑，分枝通常有棱。②叶状枝每 5 ~ 8 枚成簇，扁平，镰刀状，有中脉，鳞片状叶基部无刺。③花每 1 ~ 2 朵腋生，淡绿色，浆果含有 2 ~ 3 颗种子。

【生长环境】生长于海拔 1 200 ~ 3 000 m 的丛林下或山谷阴湿处。

【采收加工】7 ~ 10 月采挖，煮沸约 30min，捞出，剥除外皮，晒干。

【化学成分】含 22- 甲氧基天门冬皂苷Ⅳ、β- 蜕皮素、羊齿天冬苷 A、羊齿天冬苷 B 以及多种氨基酸等。

【性味归经】苦、甘，平。归肺经。

【功能主治】润肺止咳，杀虫止痒。用于肺痨久咳，痰中带血，疥癣瘙痒。

韭　菜

【基　　源】百合科植物韭菜 *Allium tuberosum* Rottl. 的干燥成熟种子。

【药材名称】韭菜子。

【别　　名】韭子、韭菜籽、韭菜仁。

【识别特征】①具倾斜的横生根状茎。鳞茎簇生，近圆柱状。②叶条形，扁平，实心，边缘平滑。③花葶圆柱状，常具 2 纵棱；伞形花序半球状或近球状，具多但较稀疏的花；小花梗近等长，花白色；花被片常具绿色或黄绿色的中脉，内轮的矩圆状倒卵形，外轮的常较窄，矩圆状卵形至矩圆状披针形，先端具短尖头；子房倒圆锥状球形，具 3 圆棱，外壁具细的疣状突起。

【生长环境】全国广泛栽培。

【采收加工】秋季果实成熟时采收果序，晒干，搓出种子，除去杂质。

【化学成分】含不饱和脂肪酸、含硫化合物、皂苷、生物碱、酰胺和氨基酸等。

【性味归经】辛、甘，温。归肝、肾经。

【功能主治】温补肝肾，壮阳固精。用于肝肾亏虚，腰膝酸痛，阳痿遗精，遗尿尿频，白浊带下。

吉 祥 草

【基　　源】百合科植物吉祥草 *Reineckia carnea* (Andr.) Kunth 的全草。

【药材名称】吉祥草。

【别　　名】松寿兰、小叶万年青、竹根七、蛇尾七。

【识别特征】①多年生草本，茎蔓延于地面，每节上有一残存的叶鞘。②叶每簇有 3～8 枚，条形至披针形，先端渐尖，向下渐狭成柄，深绿色。③花葶长 5～15 cm；穗状花序，花芳香，粉红色；浆果熟时鲜红色。

【生长环境】生长于阴湿山坡、山谷或密林下，海拔 170～3 200 m。

【采收加工】种植 1 年后，四季均可采收，抖去泥土，鲜用或晒干。

【化学成分】含五羟螺皂苷元、奇梯皂苷元、铃兰苦苷元、异万年青皂苷元、异吉祥草皂苷元、吉祥草皂苷元、异卡尔嫩皂苷元、薯蓣皂苷元、奇梯皂苷元、五羟螺皂苷元、β- 谷甾醇等。

【性味归经】甘，凉。归心、肺经。

【功能主治】补心，明目，清肺，止血。用于健忘，肺热喘咳，多种出血，咽喉肿痛，目赤翳障，痈肿疮疖，跌打骨折。

百 合

【基　　源】百合科植物百合 *Lilium brownii F.E.Brown var.viridulum* Baker 的
　　　　　　干燥肉质鳞叶。

【药材名称】百合。

【别　　名】野百合、喇叭筒、山百合、药百合、家百合。

【识别特征】①鳞茎球形，鳞片披针形，白色。②叶散生，通常自下向上渐小，披针形、窄披针形至条形，具5～7脉，全缘，两面无毛。③花单生或几朵排成近伞形；花喇叭形，有香气，乳白色，向外张开或先端外弯而不卷。④蒴果矩圆形，有棱，具多数种子。花期5～6月，果期9～10月。

【生长环境】生长于山坡、灌木林下、路边、溪旁或石缝中。

【采收加工】秋季采挖，洗净，剥取鳞叶，置沸水中略烫，干燥。

【化学成分】含皂苷类、生物碱类、酚酸甘油酯、丙酸酯类及多糖类等。

【性味归经】甘，寒。归心、肺经。

【功能主治】养阴润肺，清心安神。用于阴虚久咳，痰中带血，虚烦惊悸，失眠多梦，精神恍惚。

大　百　合

【基　　源】百合科植物大百合 *Cardiocrinum giganteum* (Wall.) makino 的鳞茎。

【药材名称】大百合。

【别　　名】山芋头、土百合、合叶七。

【识别特征】①小鳞茎卵形，茎直立，中空。②叶纸质，网状脉；基生叶卵状心形或近宽矩圆状心形，茎生叶卵状心形。③总状花序有花10～16朵花狭喇叭形，白色，里面具淡紫红色条纹。

【生长环境】生长于林下草丛中，海拔1450～2300 m。

【采收加工】秋冬采收，洗净泥土，晒干。

【性味归经】淡，平。归肺、胃经。

【功能主治】清热止咳，宽胸利气。用于肺痨咯血，咳嗽痰喘，小儿高烧，胃痛及反胃，呕吐。

紫萼

【基　　源】百合科植物紫萼 *Hosta ventricosa* (Salisb.) Stearn 的根、叶、花。

【药材名称】紫玉簪根，紫玉簪叶，紫玉簪。

【别　　名】紫玉簪、紫萼玉簪、白背三七。

【识别特征】①多年生草本。②叶基生，卵状心形、卵形至卵圆形，先端近短
　　　　　　尾状或骤尖，基部心形或近截形，具 7 ～ 11 对侧脉。③花葶高
　　　　　　60 ～ 100 cm，具 10 ～ 30 朵花；白色，膜质；花单生。

【生长环境】生长于林下、草坡或路旁，海拔 500 ～ 2 400 m。

【采收加工】根全年均可采收，洗净泥土，晒干；叶 7 ～ 9 月采收，晒干；花 8 ～ 9
　　　　　　月采收，晾干。

【化学成分】含 α- 羟基香荚兰乙酮、7- 羟基香豆素、反式对羟基桂皮酸。

【性味归经】根：甘、微苦，温平。叶：苦、微甘，凉。花：甘、苦，温平。归胃、
　　　　　　心经。

【功能主治】根：清热解毒，散瘀止血，下骨鲠。用于咽喉肿痛，痈肿疮疡，
　　　　　　跌打损伤，胃痛，牙痛，吐血，崩漏，骨鲠；叶：散瘀止痛，解毒。
　　　　　　用于胃痛，跌打损伤，鱼骨鲠喉；外用治蛇虫咬伤，痈肿疔疮；花：
　　　　　　凉血止血，解毒。用于吐血，崩漏，湿热带下，咽喉肿痛。

萱 草

【基　　源】百合科植物萱草 *Hemerocallis fulva* (L.) L. 的花蕾。

【药材名称】黄花菜。

【别　　名】金针菜、忘忧草。

【识别特征】①多年生草本。②叶基生成丛，条状披针形，背面被白粉。③夏季开橘黄色大花，花葶长于叶，高达 1m 以上；圆锥花序顶生，花被6片，向外反卷，外轮3片，宽 1～2cm，内轮3片宽达 2.5cm，边缘稍作波状；雄蕊6。④花果期为 5～7月。

【生长环境】生长于海拔 300～2 500 m 各处。

【采收加工】花蕾期采集，晒干。

【化学成分】含萜类、内酰胺类、蒽醌类、多酚类、生物碱等。

【性　　味】甘，凉。

【功能主治】凉血清肝，利尿通乳，清热利咽喉。用于腮腺炎，黄疸，膀胱炎，尿血，小便不利，乳汁缺乏，月经不调，衄血，便血；外用治乳腺炎。

粉 条 儿 菜

【基　　源】百合科植物粉条儿菜 *Aletris spicata* (Thunb.) Franch. 的根及全草。

【药材名称】小肺筋草。

【别　　名】粉条儿菜、金线吊白米、曲折草。

【识别特征】①多年生草本，高 35 ~ 60cm。须根细长，其上生有多数细块根，色白似蛆，又好像"白米"。②叶自根部丛生，窄条形，长15 ~ 20cm，宽 3 ~ 4mm，先端渐尖，淡绿色。③花葶从叶丛中生出，直立，上部密生短毛。花疏生长于总状花序上，近无梗。④蒴果倒卵状椭圆形。花期 5 ~ 6 月。

【生长环境】生长于低山地区阳光充足之处。分布自甘肃南延至华东及西南各地。

【采收加工】5 ~ 6 月采收，洗净，鲜用或晒干。

【化学成分】根含皂苷，基苷元为异娜草皂苷元及薯蓣皂苷元。

【性味归经】苦、甘，平；无毒。归肺、肝经。

【功能主治】清肺，化痰，止咳，活血，杀虫。用于咳嗽吐血，百日咳，气喘，肺痈，疬痈，肠风便血，妇人乳少，经闭，小儿疳积，蛔虫。

◎ 石蒜科

石 蒜

【基　　源】石蒜科植物石蒜 *Lycoris radiata* (L'Her.) Herb. 的干燥鳞茎。

【药材名称】石蒜。

【别　　名】红花石蒜、嶂螂花、平地一声雷、龙爪花、一支箭。

【识别特征】①鳞茎近球形。②叶狭带状，顶端钝，深绿色，中间有粉绿色带。
③花茎高约30 cm；总苞片2枚，披针形，伞形花序有花4~7朵，
花鲜红色。

【生长环境】生长于阴森潮湿地。

【采收加工】9~10月采收，四季均可采挖，洗净泥土，晒干。

【化学成分】含石蒜碱、加兰他敏、石蒜胺碱等。

【性味归经】辛、甘，温；有毒。归肺、胃经。

【功能主治】祛痰催吐，解毒散结。用于喉风，乳蛾，痰喘，食物中毒，胸腹积水，
疔疮肿毒，痰核瘰疬。

葱 莲

【基　　源】石蒜科植物葱莲 *Zephyranthes candida* (Lindl.) Herb. 的全草。

【药材名称】葱莲。

【别　　名】葱兰、肝风草。

【识别特征】①多年生草本，鳞茎卵形。②叶狭线形，肥厚，亮绿色。③花茎中空；花单生长于花茎顶端，下有带褐红色的佛焰苞状总苞，花白色，外面常带淡红色。

【生长环境】我国引种栽培供观赏。

【采收加工】夏季采收带鳞茎的全草，洗净泥土晒干。

【化学成分】全草含石蒜碱、多花水仙碱、网球花定碱、尼润碱等。

【性味归经】甘，平。归肝经。

【功能主治】平肝、宁心、熄风镇静。用于小儿惊风，羊癫疯。

朱 顶 红

【基　　源】石蒜科植物朱顶红 *Hippeastrum rutilum* (Ker-Gawl.) Herb. 的鳞茎。

【药材名称】朱顶红。

【别　　名】朱顶兰。

【识别特征】①多年生草本，鳞茎近球形。②叶6～8枚，花后抽出，鲜绿色，带形。③花茎中空，具有白粉；花2～4朵；佛焰苞状总苞片披针形；花被管绿色，圆筒状。

【生长环境】我国引进栽培，南北各地庭园常见。

【采收加工】秋季采挖鳞茎，洗去泥沙，鲜用或切片晒干。

【化学成分】鳞茎含生物碱：石蒜碱、小星蒜碱、多花水仙碱、朱顶红星碱、朱顶红定碱、朱顶红芬碱、朱顶红精碱等。

【性　　味】辛，温；有小毒。

【功能主治】解毒消肿。用于痈疮肿毒。

◎ 薯蓣科

薯　蓣

【基　　源】薯蓣科植物薯蓣 *Dioscorea opposita* Thunb. 的干燥根茎。

【药材名称】山药。

【别　　名】怀山药、野山豆、野脚板薯、面山药、淮山。

【识别特征】①缠绕草质藤本。块茎长圆柱形，茎紫红色，右旋。②单叶，在茎下部的互生，中部以上的对生；叶片卵状三角形至宽卵形或戟形，顶端渐尖，基部深心形、宽心形或近截形，边缘常3浅裂至3深裂，叶腋内常有珠芽。③雌雄异株。

【生长环境】生长于山坡、山谷林下、溪边、路旁的灌丛中或杂草中；或为栽培。

【采收加工】冬季茎叶枯萎后采挖，切去根头，洗净，除去外皮和须根，干燥，或趁鲜切厚片，干燥；也有选肥大顺直的干燥山药，置清水中，浸至无干心，闷透，切齐两端，用木板搓成圆柱状，晒干，打光，习称"光山药"。

【化学成分】含薯蓣皂苷元、多巴胺、盐酸山药碱、山药多糖等。

【性味归经】甘，平。归脾、肺、肾经。

【功能主治】补脾养胃，生津益肺，补肾涩精。用于脾虚食少，久泻不止，肺虚喘咳，肾虚遗精，带下，尿频，虚热消渴。

日 本 薯 蓣

【基　　源】薯蓣科植物日本薯蓣 *Dioscorea japonica* Thunb. 的块茎。

【药材名称】日本薯蓣。

【别　　名】尖叶薯蓣。

【识别特征】①缠绕草质藤本。块茎长圆柱形。茎绿色、淡紫红色，右旋。②单叶，在茎下部的互生，中部以上的对生；叶片纸质，通常为三角状披针形，长椭圆状狭三角形至长卵形，顶端长渐尖至锐尖，基部心形至箭形或戟形，叶腋内有珠芽。③雌雄异株。

【生长环境】生长于向阳山坡、山谷、溪沟边、路旁的杂木林下或草丛中。

【采收加工】冬季茎叶枯萎后采挖，除去外皮及须根，干燥。

【化学成分】含三萜皂苷、尿囊素、胆碱、日本薯蓣多糖以及多种氨基酸等。

【性味归经】甘、平。归脾、肺、肾经。

【功能主治】健脾胃、益肺肾、补虚羸。用于食少便溏、虚劳、喘咳、尿频、带下、消渴。

黄　独

【基　　源】薯蓣科植物黄独 *Dioscorea bulbifera* L. 的块茎。

【药材名称】黄药子。

【别　　名】黄药、黄药根、苦药子、山慈姑、金线吊虾蟆。

【识别特征】①缠绕草质藤本。块茎卵圆形或梨形，表面密生多数细长须根。茎左旋，光滑无毛。叶腋内有紫棕色、球形或卵圆形珠芽，表面有圆形斑点。②单叶互生；叶片宽卵状心形或卵状心形，先端尾状渐尖，边缘全缘或微波状，两面无毛。③雄花序穗状，下垂，常数个丛生长于叶腋；雄花单生，密集；花被片披针形，雄蕊6枚，着生长于花被基部，雌花序与雄花序相似。蒴果反折下垂，三棱状长圆形，种子深褐色，扁卵形。

【生长环境】多生长于河谷边、山谷阴沟或杂木林边缘。

【采收加工】栽种2～3年后在冬季采挖，选直径3cm以上的块茎，洗净泥土，剪去须根，横切厚片，晒干。

【化学成分】含黄药子素A-H，8-表黄药子素E乙酸酯、薯蓣皂苷元、二氢薯蓣碱、皂苷、鞣质等。

【性味归经】苦、寒；小毒。归肺、肝经。

【功能主治】散结消瘿，清热解毒，凉血止血。用于瘿瘤，喉痹，痈肿疮毒，毒蛇咬伤，肿瘤，吐血，衄血，百日咳，肺热咳喘。

◎ 鸢尾科

鸢　尾

【基　　源】鸢尾科植物鸢尾 *Iris tectorum* maxim. 的干燥根茎。

【药材名称】鸢尾。

【别　　名】紫蝴蝶、蓝蝴蝶、扁竹花。

【识别特征】①多年生草本，植株基部围有老叶残留的膜质叶鞘及纤维。②叶基生，黄绿色，稍弯曲，中部略宽，宽剑形，基部鞘状，有数条不明显的纵脉。③花茎光滑，顶部常有1～2个短侧枝，中、下部有1～2枚茎生叶；花蓝紫色。

【生长环境】生长于向阳坡地、林缘及水边湿地。

【采收加工】全年均可采挖，除去泥沙及须根，干燥。

【**化学成分**】含鸢尾苷、鸢尾新苷 A、B、鸢尾酮苷等。

【**性味归经**】苦，寒。归肺经。

【**功能主治**】清热解毒，祛痰，利咽。用于热毒痰火郁结，咽喉肿痛，痰涎壅盛，
咳嗽气喘。

射 干

【基　　源】鸢尾科植物射干 *Belamcanda chinensis* (L.) DC. 的干燥根茎。

【药材名称】射干。

【别　　名】乌扇、乌蒲、黄远、夜干。

【识别特征】①多年生草本，根状茎为不规则的块状。②叶互生，嵌迭状排列，剑形，基部鞘状抱茎，顶端渐尖，无中脉。③花序顶生，叉状分枝，每分枝的顶端聚生有数朵花；花橙红色，散生紫褐色的斑点。

【生长环境】生长于林缘或山坡草地，大部分生长于海拔较低的地方。

【采收加工】春初刚发芽或秋末茎叶枯萎时采挖，除去须根和泥沙，干燥。

【化学成分】含鸢尾苷元、鸢尾黄酮、鸢尾黄酮苷、射干异黄酮等。

【性味归经】苦，寒。归肺经。

【功能主治】清热解毒，消痰，利咽。用于热毒痰火郁结，咽喉肿痛，痰涎壅盛，咳嗽气喘。

◎ 鸭跖草科

鸭　跖　草

【基　　源】鸭跖草科植物鸭跖草 *Commelina communis* L. 的干燥地上部分。

【药材名称】鸭跖草。

【别　　名】鸡舌草、碧竹草、蓝姑草、竹叶菜。

【识别特征】①一年生披散草本。茎匍匐生根，多分枝。②叶披针形至卵状披针形。③总苞片佛焰苞状，与叶对生，折叠状，展开后为心形，顶端短急尖，基部心形；聚伞花序，下面一枝仅有花1朵。

【生长环境】生长于路旁、田边、河岸、宅旁、山坡及林缘阴湿处。

【采收加工】夏秋二季采收，晒干。

【化学成分】叶含飞燕草苷、黏液质；花含蓝鸭跖草苷、鸭跖黄酮苷、鸭跖草花色苷等。

【性味归经】甘、淡，寒。归肺、胃、小肠经。

【功能主治】清热泻火，解毒，利水消肿。用于感冒发热，热病烦渴，水肿少尿，热淋热痛，痈肿疔毒。

紫　露　草

【基　　源】鸭跖草科植物紫露草 Tradescantia virginiana L. 的全草。

【药材名称】紫鸭跖草。

【别　　名】紫锦草、紫竹兰、紫竹梅、血见愁。

【识别特征】①多年生披散草本，茎多分枝，带肉质，紫红色。②叶互生，披针形，先端渐尖，全缘，基部抱茎而成鞘，鞘口有白色长睫毛。③花密生在二叉状的花序柄上，下具线状披针形苞片，花瓣3，蓝紫色。

【生长环境】我国庭园和温室有栽培。

【采收加工】7～9月采收，鲜用或晒干。

【性味归经】淡、甘、凉；有毒。归心、肝经。

【功能主治】活血，止血，解毒。用于蛇泡疮，疮疡，毒蛇咬伤，跌打，风湿。

◎ 灯心草科

灯 心 草

【基　　源】灯心草科植物灯心草 *Juncus effusns* L. 的干燥茎髓。

【药材名称】灯心草。

【别　　名】水灯心、野席草。

【识别特征】①多年生草本，茎丛生，直立，圆柱型，具纵条纹，茎内充满白
　　　　　　色的髓心。②叶全部为低出叶，呈鞘状或鳞片状，包围在茎的基部，
　　　　　　叶片退化为刺芒状。③聚伞花序假侧生，含多花。④蒴果长圆形或
　　　　　　卵形，黄褐色。种子卵状长圆形，黄褐色。花期4～7月，果期6～9
　　　　　　月。

【生长环境】生长于海拔1 650～3 400 m的河边、池旁、水沟、稻田旁、
　　　　　　草地及沼泽湿处。

【采收加工】夏末至秋季割取茎，晒干，取出茎髓，理直，扎成小把。

【化学成分】含多种菲类衍生物，灯心草二酚、灯心草酚等，全草含挥发油，以及木犀草素，木犀草素-7-葡萄糖苷，β-谷甾醇和β-谷甾醇葡萄糖苷等。

【性味归经】甘、淡，微寒。归心、肺、小肠经。

【功能主治】清心火，利小便。用于心烦失眠，尿少涩痛，口舌生疮。

◎ 禾本科

薏苡

【基　　源】禾本科植物薏苡 Coix lacryma-jobi L. var. mayuen (Roman.) Stapf 的干燥成熟种仁。

【药材名称】薏苡仁。

【别　　名】薏米、药玉米、水玉米、晚念珠、珍珠米。

【识别特征】①一年生粗壮草本，须根黄白色，秆直立丛生，节多分枝。②叶片扁平宽大，基部圆形或近心形，中脉粗厚，在背面隆起。③总状花序腋生成束。

【生长环境】生长于湿润的屋旁、池塘、河沟、山谷、溪涧或易受涝的农田等地方，海拔 200～2 000 m 处常见，野生或栽培。

【采收加工】秋季果实成熟时采割植株，晒干，打下果实，再晒干，除去外壳、黄褐色种皮和杂质，收集种仁。

【化学成分】叶含生物碱，种子含有大量淀粉及多种维生素等。

【性味归经】甘、淡，凉。归脾、胃、肺经。

【功能主治】利水渗湿，健脾止泻，除痹，排脓，解毒散结。用于水肿，脚气，小便不利，脾虚泄泻，湿痹拘挛，肺痈，肠痈，赘疣，癌肿。

淡 竹 叶

【基　源】禾本科植物淡竹叶 *Lophatherum gracile* Brongn. 的干燥茎叶。

【药材名称】淡竹叶。

【别　名】碎骨子、山鸡米、金鸡米、迷身草。

【识别特征】①多年生，秆直立，具5～6节。②叶鞘平滑，叶舌质硬，褐色，背有糙毛；叶片披针形，具横脉，基部收窄成柄状。③圆锥花序分枝斜升或开展，小穗线状披针形，具极短柄；颖顶端钝，具5脉，边缘膜质；不育外稃向上渐狭小，互相密集包卷，顶端具短芒；雄蕊2枚。颖果长椭圆形。

【生长环境】生长于山坡、林地或林缘、道旁蔽荫处。

【采收加工】夏季未抽花穗前采割，晒干。

【化学成分】茎、叶含三萜化合物：芦竹素、印白茅素、蒲公英赛醇等。

【**性味归经**】甘、淡，寒。归心、胃、小肠经。

【**功能主治**】清热泻火，除烦止渴，利尿通淋。用于热病烦渴，小便短赤涩痛，口舌生疮。

◎ 天南星科

魔 芋

【**基　　源**】天南星科植物魔芋 *Amorphophallus rivieri* Durieu 的干燥块茎。

【**药材名称**】蒟蒻。

【**别　　名**】魔芋、鬼芋、花梗莲、虎掌。

【**识别特征**】①块茎扁球形，顶部中央多少下凹，暗红褐色；颈部周围生多数肉质根及纤维状须根。②叶柄黄绿色，光滑，有绿褐色或白色斑块；基部膜质鳞叶披针形；叶片绿色3裂。③佛焰苞漏斗形。

【**生长环境**】生长于疏林下、林橼或溪谷两旁湿润地，或栽培于房前屋后、田边地角。

【**采收加工**】秋末采收，洗净泥土。

【**化学成分**】含三甲胺等挥发性胺、葡萄甘露聚糖、果糖等。另含多种氨基酸、粗蛋白及脂类。

【性味归经】辛，寒；有毒。归心、肺经。

【功能主治】活血化瘀，解毒消肿，化痰软坚。用于痰嗽，积滞，疟疾，经闭，跌打损伤，痈肿，疔疮，丹毒，烫伤。

半 夏

【基　　源】天南星科植物半夏 *Pinellia ternata* (Thunb.) Breit. 的干燥块茎。

【药材名称】半夏。

【别　　名】三叶半夏、半月莲、三步跳、地八豆。

【识别特征】①块茎圆球形，具须根。②叶2～5枚，基部具鞘，鞘内、鞘部以上或叶片基部有珠芽。③花序柄长于叶柄。佛焰苞绿色或绿白色，管部狭圆柱形。

【生长环境】常见于草坡、荒地、玉米地、田边或疏林下。

【采收加工】夏秋二季采挖，洗净，除去外皮和须根，晒干。

【化学成分】块茎含挥发油、左旋麻黄碱、胆碱、β－谷甾醇、胡萝卜苷、尿黑酸、原儿茶醛、多种氨基酸以及无机元素等。

【性味归经】辛、温；有毒。归脾、胃、肺经。

【功能主治】燥湿化痰，降逆止呕，消痞散结。用于湿痰寒痰，咳喘痰多，痰饮眩悸，风痰眩晕，痰厥头痛，呕吐反胃，胸脘痞闷，梅核气；外治痈肿痰核。

天 南 星

【基　　源】天南星科植物天南星 *Arisema heterophyllum* Bl. 的干燥块茎。

【药材名称】天南星。

【别　　名】南星、白南星、山苞米。

【识别特征】①块茎扁球形,顶部扁平,周围生根。②叶常单1,叶片鸟足状分裂,裂片13～19。③花序从叶柄鞘筒内抽出,佛焰苞管部圆柱形,肉穗花序两性和雄花序单性。

【生长环境】生长于海拔2 700 m以下的林下、灌丛或草地。

【采收加工】秋冬二季茎叶枯萎时采挖,除去须根及外皮,干燥。

【化学成分】含三萜皂苷、安息香酸、氨基酸、β-谷甾醇、淀粉等。

【性味归经】苦、辛,温;有毒。归肺、肝、脾经。

【功能主治】生天南星,散结消肿,外用治痈肿,蛇虫咬伤;制天南星,燥湿化痰,祛风止痉。用于顽痰咳嗽,风痰眩晕,中风痰壅,口眼㖞斜,半身不遂,癫痫,惊风,破伤风。

石 菖 蒲

【基　　源】天南星科植物石菖蒲 *Acorus tatarinowii* Schott 的干燥根茎。

【药材名称】石菖蒲。

【别　　名】香菖蒲、菖蒲、水剑草。

【识别特征】①多年生草本。根茎芳香，肉质，具多数须根。②叶无柄，叶片薄，基部两侧膜质叶鞘，叶片暗绿色，线形，平行脉多数，稍隆起。③花序柄腋生，三棱形，叶状佛焰苞，肉穗花序圆柱状，花白色。

【生长环境】常见于海拔 20 ~ 2 600 m 的密林下，生长于湿地或溪旁石上。

【采收加工】秋冬二季采挖，除去须根和泥沙，晒干。

【化学成分】含挥发油，如欧细辛脑、顺式甲基异丁香油酚、榄香脂素、细辛醛、百里香酚等。

【性味归经】辛、苦，温。归心、胃经。

【功能主治】化湿开胃，开窍豁痰，醒神益智。用于神昏癫痫，健忘失眠，耳鸣耳聋，脘痞不饥，噤口下痢。

药用植物标本采集与制作技术

◎ 香蒲科

水烛香蒲

【基　　源】香蒲科植物水烛香蒲 *Typha angustifolia* L. 的干燥花粉。

【药材名称】蒲黄。

【别　　名】蒲厘花粉、蒲花、蒲棒花粉、蒲草黄、蒲棒草。

【识别特征】①多年生，水生或沼生草本。地上茎直立。②叶片上部扁平，中部以下腹面微凹，背面向下逐渐隆起呈凸形，下部横切面呈半圆形，呈海绵状；叶鞘抱茎。③雌雄花序相距 2.5 ~ 6.9 cm；雄花序轴具褐色扁柔毛，单出；雌花序长 15 ~ 30 cm，基部具 1 枚叶状苞片；雄花由 3 枚雄蕊合生，花粉粉单体，近球形、卵形或三角形，纹饰网状；雌花具小苞片；孕性雌花柱头窄条形或披针形。小坚果长椭圆形，具褐色斑点，纵裂。

【生长环境】生长于水旁或沼泽中。

【采收加工】6 ~ 7 月花期，雄花花粉成熟，择晴天，勒下雄花，晒干搓碎，用细筛筛去杂质即可。

【化学成分】主含黄酮类成分，即柚皮素、异鼠李素、槲皮素等。

【性味归经】甘，平。归肝、心包经。

【功能主治】止血，化瘀，通淋。用于吐血，衄血，咯血，崩漏，外伤出血，经闭痛经，胸腹刺痛，跌打肿痛，血淋涩痛。

美 人 蕉

【基　　源】美人蕉科植物美人蕉 Canna indica L. 的干燥根茎。

【药材名称】美人蕉根。

【别　　名】观音姜、小芭蕉头、状元红、白姜。

【识别特征】①植株全部绿色。②叶片卵状长圆形，长 10～30 cm，宽达 10 cm。③总状花序疏花；略超出于叶片之上；花红色、黄色，单生；苞片卵形，绿色，披针形；花冠管长不及 1 cm，花冠裂片披针形，绿色或红色；唇瓣披针形，弯曲。蒴果绿色，长卵形，有软刺。

【生长环境】我国南北各地常有栽培。原产印度。

【采收加工】全年可采收，去净茎叶，洗净泥土，切片，晒干。

【化学成分】β- 植物血凝素。

【性味归经】甘、微苦、涩，凉。归肝胆、膀胱经。

【功能主治】清热解毒，调经，利水。用于黄疸，痢疾，跌打损伤，疮疡肿毒，月经不调，带下。

蘘 荷

【基　　源】姜科植物蘘荷 *Zingiber mioga* (Thunb.) Rosc. 的根茎。

【药材名称】蘘荷。

【别　　名】山姜、莲花姜、土里开花、野山姜。

【识别特征】①株高 0.5 ~ 1 m；根茎淡黄色。②叶片披针状椭圆形或线状披
　　　　　　针形，叶面无毛，叶背无毛或被稀疏的长柔毛。③穗状花序椭圆形。
　　　　　　④果倒卵形，熟时裂成 3 瓣；种子黑色。花期 8 ~ 10 月。

【生长环境】生长于山谷中荫湿处或在江苏有栽培。

【采收加工】夏、秋季采收，鲜用或切片晒干。

【化学成分】含 α- 和 β- 蒎烯，β- 水芹烯。

【性味归经】辛、温。归肺、肝经。

【功能主治】活血调经，祛痰止咳，解毒消肿。用于月经不调，痛经，跌打损伤，
　　　　　　咳嗽气喘，瘰疬。

◎ 兰科

白 及

【基　　源】兰科植物白及 *Bletilla striata* (Thunb.) Reichb.f. 的干燥块茎。

【药材名称】白及。

【别　　名】羊角七、连及草。

【识别特征】①茎粗壮,假鳞茎扁球形,正面具荸荠似的环带,富粘性。②叶4~6枚,狭长圆形或披针形,先端渐尖,基部收狭成鞘并抱茎。③花序具3~10朵花,花序轴或多或少呈"之"字状曲折;花大,紫红色或粉红色。

【生长环境】生长于海拔100~3 200 m的常绿阔叶林下,树林、路边草丛或岩石缝中。

【采收加工】夏秋二季采挖,除去须根,洗净,至沸水中煮或蒸至透心,晒至半干,除去外皮,再晒干。

【化学成分】块茎含白及甘露聚糖,联苄类化合物、联菲类化合物、双菲醚类化合物、白及双菲醚;二氢菲并吡喃类化合物:白及二氢菲并吡喃酚;蒽类化合物:大黄素甲醚。尚含酸类成分:对-羟基苯甲酸、原儿茶酸、桂皮酸等。

药用植物标本采集与制作技术

【性味归经】苦、甘、涩，微寒。归肺、肝、胃经。

【功能主治】收敛止血，消肿生肌。用于咯血，吐血，外伤出血，疮疡肿毒，皮肤皲裂。

小 斑 叶 兰

【基　　源】兰科植物小斑叶兰 *Goodyera repens* (L.) R. Br. 的全草。

【药材名称】斑叶兰。

【别　　名】小叶青、小青、麻叶青、银线莲、蕲蛇药。

【识别特征】①根状茎伸长，匍匐，具节，茎直立。②叶片卵形或卵状披针形，正面绿色，具白色不规则的点状斑纹，基部扩大成抱茎的鞘。③花茎直立，总状花序，花较小，白色或带粉红色。

【生长环境】生长于海拔 500 ~ 2 800 m 的山坡或沟谷阔叶林下。

【采收加工】7 ~ 9 月采收，洗净泥土，鲜用或晒干。

【性味归经】甘、辛，平。归肺、肾、心、肝经。

【功能主治】补肾益气，清热解毒。用于肺痨咳嗽，咯血，头晕乏力，神经衰弱，阳痿，跌打损伤，骨节疼痛，咽喉肿痛，乳痈，疮疖，瘰疬，毒蛇咬伤。

参考文献

〔1〕郑小吉. 药用植物学〔M〕. 北京：人民卫生出版社，2005.

〔2〕赵志礼. 药用植物采集与图鉴〔M〕. 上海科学技术出版社，2015.

〔3〕靳淑英. 中国高等植物模式标本汇编（补编二）〔M〕. 北京：科学出版社，2007.

〔4〕肖方，林峻，李迪强. 野生动植物标本制作〔M〕. 2版. 北京：科学出版社，2014.

〔5〕中国科学院植物研究所. 野生有用植物调查简明手册〔M〕. 北京：科学出版社，1958.

〔6〕周仪，王慧，张述祖. 植物学（下册）〔M〕. 北京：北京师范大学出版社，1990.

〔7〕杨春澎. 药用植物学〔M〕. 上海：上海科学技术出版社，1997.

〔8〕高信曾. 植物学实验指导（形态解剖部分）〔M〕. 北京：高等教育出版社，1986.

〔9〕李光锋. 药用植物学〔M〕. 北京：中国医药科技出版社，2013.

药用植物标本采集与制作技术